呼喚幸運
打造成功的祕密

U0048469

作者安迪・奈恩Andy Nairn
譯者韓書妍
主編唐德容
責任編輯秦怡如
封面暨內頁美術設計徐薇涵 Libao Shiu

發行人何飛鵬
PCH集團生活旅遊事業總經理暨社長李淑霞
總編輯汪雨菁
行銷企畫經理呂妙君
行銷企劃專員許立心

出版公司
墨刻出版股份有限公司
地址：台北市104民生東路二段141號9樓
電話：886-2-2500-7008／傳真：886-2-2500-7796
E-mail：mook_service@hmg.com.tw
發行公司
英屬蓋曼群島商家庭傳媒股份有限公司城邦分公司
城邦讀書花園：www.cite.com.tw
劃撥：19863813／戶名：書虫股份有限公司
香港發行城邦（香港）出版集團有限公司
地址：香港九龍九龍城土瓜灣道86號順聯工業大廈6樓A室
電話：852-2508-6231／傳真：852-2578-9337
城邦（馬新）出版集團 Cite (M) Sdn Bhd
地址：41, Jalan Radin Anum, Bandar Baru Sri Petaling,
57000 Kuala Lumpur, Malaysia.
電話：(603)90563833／傳真：(603)90576622／E-mail：services@cite.my
製版・印刷漾格科技股份有限公司
ISBN978-986-289-963-2・978-986-289-960-1 (EPUB)
城邦書號KJ2097 **初版**2024年1月
定價399元
MOOK官網www.mook.com.tw
Facebook粉絲團
MOOK墨刻出版 www.facebook.com/travelmook
版權所有・翻印必究

國家圖書館出版品預行編目資料
呼喚幸運，打造成功的祕密：科學實證，成功往往都是因為運氣，40個從日常練習的強運
實例，輕鬆培養商業思維/Andy Nairn作；韓書妍譯. -- 初版. -- 臺北市：墨刻出版股份
有限公司出版：英屬蓋曼群島商家庭傳媒股份有限公司城邦分公司發行, 2024.01
224面；14.8×21公分. -- (SASUGAS；97)
譯自：Go Luck Yourself: 40 Ways to Stack the Odds in Your Brand's Favour
ISBN 978-986-289-963-2(平裝)
1.CST: 品牌行銷 2.CST: 行銷學 3.CST: 職場成功法
496   112019797

好評推薦

「安迪對廣告產業的影響深遠，領導策略毋庸置疑。」
　　　　　　　　　　　　　　　　　　　——《Campaign》雜誌

「一本勵志又實用的書，滿是精彩的點子，教你如何強化競爭優勢與發現俯拾皆是的機會。精彩必讀！」
　　　　　　　　　　　　　——希爾·薩勒（Syl Saller），
　　　曾獲頒大英帝國司令勳章，帝亞吉歐（Diageo）前全球行銷長

「這本出色之作探討商場中常被小看的運氣，充滿新鮮有趣的故事與實用建議。」
　　　　　——理查·尚頓（Richard Shotton），《我就知道你會買》作者

「閱讀這本書就像在滿是絕妙策略思考的藝廊中漫步……然後把它們全部帶回家，讓你家變得更亮眼。新鮮、趣味、豐富、引人入勝，這本書滿滿都是激發點子的內容，提供任何不甘平凡的挑戰者運用。」
　　　　　　——亞當·摩根（Adam Morgan），《小魚吃大魚》作者

「安迪充滿洞察力又腳踏實地，也非常幽默風趣。也許你是為了書名而買下本書，不過我保證當你需要一點好運的時候，絕對會回頭翻閱這本書。」
　　　　　——艾兒·麥卡錫（Elle McCarthy），美商藝電品牌副總裁

「閱讀這本書真是一大樂趣。主題很吸引人，安迪的風格也很平易近人。你可選擇自己感興趣的部分，就和在超市隨喜好自己搭配糖果一樣有趣，而且沒有保全盯著你的一舉一動。」
——札伊德・卡薩布（Zaid Al-Qassab），Channel 4 行銷長

「這本書真是策略人員的完美指南，有絕佳的例子、軼事、名言錦句、事實和建議。我發現自己不斷想著『要是能想出那個就好了』，現在讀了這本書，或許我真的會想出來。」
——布莉姬・安吉爾（Bridget Angear），
Craig + Bridget 創辦合夥人

「這本精彩絕倫的書將會改變你的思考方式。極為實用，還有大量例子與靈感……全都不出所料以安迪・奈恩充滿智慧與魅力的方式呈現。」
——理查・亨廷頓（Richard Huntington），
Saatchi & Saatchi London 董事長與策略長

「罕見且豐富的策略之書，不僅出奇實用，也是極為享受的讀物。買回家好好享用吧，記得為團隊的所有成員都買一本。」
——凱蒂・麥凱－辛克萊爾（Katie Mackay-Sinclair），
Mother 品牌合夥人

「別把辛苦賺來的錢花在魔法、護身符和幸運符上，買這本書吧。你不會後悔的。」
——海倫・羅茲（Helen Rhodes），
BBC Creative 執行創意總監

「準備好變得萬事順利走大運吧。你的團隊 | 公司 | 客戶 | 品牌 | 顧客都會感謝你的。」
——卡洛琳・佩（Caroline Pay），軟體公司 Headspace 客戶長

「所有成功人士的共同點，就是有意識地建立與好運的關係。好運是可以每天練習的，多好呀！」
——喬納森・米爾登霍爾（Jonathan Mildenhall），
金融科技公司 Dave 行銷長

呼喚幸運
打造成功的祕密

GO LUCK ✦
YOURSELF

40 Ways to Stack the Odds in
Your Brand's Favour

作者 ———— 安迪·奈恩 Andy Nairn   譯者 ———— 韓書妍

致謝

這本書擁有很多好運，對此我深深覺得感激。

首先，我要感謝我的媽媽和爸爸。借用華倫·巴菲特（Warren Buffett）的比喻，這方面我簡直像中了大樂透。同樣的，我也要感謝我的妻子露易絲（Louise），還有孩子們艾力克斯（Alex）、米婭（Mia）和洛蒂（Lottie）。他們不僅容忍我長時間獨自面對筆電敲鍵盤，更是本書中幾則故事的靈感來源。

接著我要感謝多年夥伴海倫（Helen）和丹尼（Danny）。能夠擁有如此才華洋溢又慷慨的朋友實在三生有幸，更不用說與他們共事的樂趣了。當然，我也要向所有過去與現在的同事與客戶們致上敬意。特別是吉姆·布萊薩斯（Jim Bletsas）為本書設計如此精美的封面，還有洛茲·霍納（Loz Horner）、露絲·查德威克（Ruth Chadwick）和薇琪·雷德利（Vickie Ridley）審閱我的初稿。

這一點提醒了我，大家以為殘酷的廣告業其實有多麼善良。因此我非常感激所有願意關注我的努力、提出意見與接受採訪的人。要感謝的人恐怕提不完，不過當這本書的概念只是在我腦海一閃而過的想法時，理查·肖頓（Richard Shotton）對此特別有幫助。

最後要感謝我的編輯克雷格·皮爾斯（Craig Pearce）與艾瑪·廷克（Emma Tinker），以及出版社Harriman House的每一位成員。對我而言，寫書就像一場未知的旅程，因此很榮幸擁有這些如此專業又善解人意的嚮導。

目錄

第三單元：化凶為吉

第四單元：練習變得幸運

序言

「運氣」是在商場中人們不願直言的詞語。

你不會在年度股東大會上聽到它，也不會在年度報告中見到它。甚至也不會出現在任何案例研究、訓練手冊或履歷中。至於類似本書的書籍，最近一份對商業期刊的調查發現，只有2%的期刊大致提到這個主題。

這點令我覺得很奇怪。因為在廣告業打滾將近30年後，我常常對機運所發揮的關鍵作用感到訝異，與高階商務人士私下談話時，他們也有同感。

在本書中，我想要打破這項禁忌。

我要引用自己的經驗——以及從建築到動物學的一切事物——來深究運氣在打造品牌中所扮演的角色。然後我將提出實在的建議，幫助你強化品牌的優勢。

最後一點至關重要，因為正中這陣沉默的要害。運氣仍是不可告人的祕密，因為被認為會破壞所有成功商業文化的核心——也就是勤奮、才華與智慧。老實說，如果商業上的成功是取決於某種名為「命運」的神祕力量，那我們還不如放棄算了，但我不是在爭論這一點。

相反的，我相信運氣確實存在——而且你可以改善運氣。接下來，我將分成四個單元解釋如何進行。

在第一單元中，我會說明欣賞你所擁有的事物之必要性。就像很多人往往沒有意識到自身的得天獨厚，公司往往也對自有的優勢視而不見。在本單元中，我將鼓勵你重新評估目前可能被你忽視的既有條件。許多情況下，品牌擁有者都已經具備一些非常特別的東西，只需要為其重新注入活力即可，而不是整個改頭換面。

接著在第二單元中,我會探討處處尋找良機的必要性。機會常常就藏身在出乎意料的地方,需要敞開心胸才能注意到。在本單元中,我將鼓勵你留意來自其他領域與觀點的靈感。正如莎莉・寇斯羅(Sally Koslow)所說,你必須「學會在好運向你招手的時候認出它」。

在第三單元中,我將討論化凶為吉的可能性。這部分談的是關於樂觀與堅毅:我會描述人們和品牌如何克服危機、批評、缺陷、限制、仇恨與禁忌,向你展示如何為品牌尋找機會,即使是在最艱難的狀況。事實上,我會告訴你如何走出黑暗,而且變得比過去更強大。

最後,在第四單元中,我將解釋如何練習變得幸運。這不僅是向蓋瑞・普萊爾(Gary Player)的名言「我越努力練習就越幸運」致敬。相反的,我認為追求好運本身就是需要有意識的注意力,這是超越磨練你的核心能力(而且有時候與能力無關)。我將在此單元中討論在組織的系統、流程與企業文化中,建立運氣的實際方式。

在我們開始之前,我要先提幾件重要事項。首先,雖然這本書大部分是我的個人敘述,但在書中的數十件案例以及我的職業生涯中,顯然有數百人幫助過我。尤其是兩名長期支持我(與長期被我折磨)的工作夥伴,海倫・卡爾克洛特(Helen Calcraft)和丹尼・布魯克─泰勒(Danny Brooke-Taylor),要不是擔心重複太多次,他們的名字一定會出現在每一頁。他們偶爾會出現(從頭到尾的「我們」都包括他們),如果沒有他們,我是不可能辦到這一切的。為了簡化我的故事,如果在描述過程中遺漏了任何人,我先為此致歉。

其次,我意識到自己是以一名在西方世界(特別是在英國和美國)度過整個職業生涯的身分寫下本書。我理解許多其他文化對於運氣抱持極為不同的觀點,在商場或是日常生活中通常不會帶來太多污名。然而,我相信自己對於成功的策略放諸四海皆然,我也盡量收錄來自世界各地的案例來證明這一點。

最後,我想運用各式各樣案例來源的願望確實有其缺點。某些例子中,我會引用討人厭的人物,包括殘酷無情的領導者、罪犯和

偏執狂。希望我無需多做說明，諸位讀者也能理解我並不支持他們的行為或言論，但為了以防萬一，我還是要強調：我不支持他們。

好了。既然搞定這些了，現在我們就從尋找身邊的幸運做起，探索欣賞既有條件的必要吧。

第一單元
欣賞你擁有的一切

華倫‧巴菲特是史上最富有的人之一。

有趣的是，他將自己的成功歸功於運氣。尤其是他曾令人印象深刻地提到「贏得卵巢樂透」。換句話說，他很清楚自己有多麼幸運，能夠以擁有特權的白人男性身分誕生在二十世紀的美國。

由繼承所造成的人類不平等之情事，不在本書的討論範圍。不過我確實認為一些較概括的相似情形適用於品牌。有些公司已經建立起巨大的競爭優勢，是他們可以交棒給接續品牌掌門人的有利條件，例如：更強的品牌意識、經銷、定價實力與創新流程。

那麼你應該單純接受自己的企業等級排名嗎？當然不是。如果你負責挑戰者類型的品牌，那就應該找出品牌已經擁有的優勢，而不是抱怨沒有的條件。如果你負責的是市場領導者品牌，那就要留意別太過自滿。

無論是哪種情形，改善運氣的第一步都是欣賞你已擁有的一切。正如兒童文學家羅德‧達爾（Roal Dahl）曾寫道：「我們都比自己以為的幸運多了。」在此單元中，我將探究一些公司最可能忽略的好運來源，包括品牌名稱、產地、歷史傳承、鮮為人知的商品特色，以及文化關聯性。

我也會討論能讓預算進一步發揮的強力資產，像是品牌特質、員工、數據、品牌的自有媒體。

最後我會強調時機的力量——時機常遭輕視，被認為是僥倖，然而這可是需要真正的技巧才能做得好。

本單元從頭到尾的訊息，都是要抓緊你眼皮底下的機會。因為就如著名的心理學家塔爾‧班夏哈（Tal Ben-Shahar）所言：「當你欣賞美好，美好也會欣賞你。」

幸運的名字

品牌名稱如何令你更加不同凡響?

根據Mumsnet網站的資料,大約五分之一的英國家長對於孩子名字的選擇感到後悔。也許這並不奇怪,畢竟近年來英國登記的嬰兒名字包括「驚奇」(Marvellous)、「危險」(Danger)、「艾希斯」(Isis,伊斯蘭國的簡稱)和「害羞」(Shy)。我想類似的比例也適用於品牌行銷人員,雖然可能比較沒有那麼多充分的理由。

許多品牌擁有者都擔心名字不太適合。或許太長、或許太普通、太地區性,或是單純不夠好記。也許科技進步使品牌名稱顯得過時,或者因為品牌的外國血統使其難以發音。又或者品牌名稱不容易搜尋,或是不適合在社群媒體上使用。無論是哪種原因,有些行銷人員確實懷著類似家長心中遺憾的心情看待品牌名稱。

我認為這種焦慮是對品牌名稱的決定累積多年壓力的結果。尤其是品牌定位先驅艾爾·賴茲(Al Ries)和傑克·屈特(Jac Trout)警告,命名是「公司唯一能做的重大行銷決策」。

然後他們列舉九項傑出品牌名稱的特質,說品牌名應該要「簡短、簡單、暗示品牌類型、獨特、帶有頭韻、易讀、易拼寫、驚人、個性化」。平心而論,他們並沒有要求每一個品牌名稱都要通過這九項考驗,但是他們確實極力主張行銷人員要盡可能符合這些條件。若以這項標準衡量,你就會明白為何許多品牌行銷人員覺得自己力不從心了。

我不否認這項決策確實很重要。我還記得在選定「Lucky Generals」作為公司名稱之前,我和夥伴們費了多少時間做決定。

21

然而所有的經驗都告訴我，是成功事業造就好的品牌名，而不是好名字造就好事業。簡單來說，擁有能夠充分反映品牌的出色產品重要多了，而不是反過來把希望都寄託在精心打造的文字遊戲上。

不相信嗎？讓我們來看看AskJeeves和Google的故事。前者不用說絕對是更出色的搜尋引擎名稱，絕對更具備類型暗示性，也帶有人性化又直觀的服務，而後者聽起來就只是沒有個性的演算法，不過我們都很清楚後來的發展

還有MySpace和Facebook。前者比較個人化、具有啟發性和情感色彩，卻被笨拙地參考畢業紀念冊的後者遠遠拋在後面。

我還可以舉更多例子，不過希望你已經理解我的意思。如果好名字並不保證成功，那麼不好的名字也未必就是包袱。一如本書中的眾多例子，最終決定運氣的是你如何打出手上的牌。

幾年前正在處理洛伊德‧葛羅斯曼（Loyd Grossman）的一系列調理醬時，我想起了這一點。

以知名創辦人名字所命名的品牌特別棘手，因為品牌價值相當取決於同名創辦人的運勢。這就是為何如今許多明星採取比較低調的手法，選擇在幕後而不是直接在包裝上支持品牌。不過當年還是保羅‧紐曼（Paul Newman）沙拉醬、琳達‧麥卡尼（Linda McCartney）的無肉系列、喬治‧福爾曼（George Foreman）電烤盤的時代，而不像現在的Casamigos（喬治‧克魯尼）、Fenty（蕾哈娜）和Ivy Park（碧昂絲）。

在洛伊德的案例中，把他的臉孔和名字放在標籤上是深思熟慮後的決定。他於1995年推出系列商品，彼時他是英國電視台的兩大節目主廚人，分別是《廚神當道》（Masterchef）和《透過鑰匙孔》（Through the Keyhole）。在這之前，他曾以備受敬重的美食評論身分工作多年。因此他的背書一開始就帶來名氣與公信力。這不只是一位名人為了賺快錢而推出自有品牌，他確實非常關心產品，並積極參與新食譜的開發。接下來的十年間，品牌日漸壯大，品項也從義大利麵醬拓展至更多料理產品。

　　然而，到了2009年，銷售開始趨緩。這背後有諸多原因，包括與表面上近似（但實際上較差）對手的競爭加劇。

　　不過其中一項因素可以說是洛伊德的形象已經和過去不同。近年來，他優先選擇了電視和撰稿以外的其他興趣（包括在一個還不錯的龐克樂團The New Forbidden擔任吉他手）。結果就是新一代的煮夫煮婦在成長過程中並沒有充分了解洛伊德的背景。

　　更糟的是，人們主要記得的卻是洛伊德的古怪口音。洛伊德成長於波士頓，後來移居英國，他那殘破的母音聽起來像是刻意模仿英國腔調，但其實完全是自然而然形成的。這似乎不是什麼值得誇口的名聲，因此他的行銷團隊不免開始思考，或許是時候為品牌換一個比較隱晦低調的名字了。「LG Sauces」是提案之一。我不是很確定，尤其是我完全不想親自向當事人告知這件事！

　　場景來到一場與洛伊德及其團隊相當尷尬的會議。我們查看數據，重新評估競爭，連最枝微末節的小地方都不放過。我們研究了即將推出的新產品。簡單來說，什麼都談了，就是沒提到最需要談的那件事。可憐的洛伊德一定覺得我們的言行很怪異吧。

　　最後我再也受不了，鼓起勇氣親自處理這件事。親自處理的意思是，我把一張小字條遞給夥伴海倫，拜託她做點什麼。結果你猜怎麼了？當她小心翼翼地提到，人們想到洛伊德時，就會聯想到他的口音，他當場放聲大笑。結果這對他而言根本不是新鮮事，因為「連我的孩兒子都一天到晚兒開我玩兒笑」。

　　這正是我們需要的進展。與其避而不談預設的難題，倒不如欣然接受之。我們堅持使用原本的品牌名，不過打造一句標語為其注入新活力：「不同凡『響』的醬料」。接著我們製作了幾支趣味十足的廣告，請人們在做菜的時候模仿洛伊德。連洛伊德本人也下海，以精彩的自嘲方式客串演出。

　　這不僅是為了娛樂效果，更強力點出洛伊德的料理資歷，以及他的醬料比其他品牌更勝一疇的事實。這些以大量風趣機智的手法呈現。十年後，這個品牌依舊持續茁壯。這正顯示出，只要有精彩的想像力，就沒有所謂的糟糕品牌名。

召喚幸運

慣例說：有問題的名字會破壞成功的機會。

幸運說：你怎麼想，名字就成什麼樣。

問問自己：品牌名稱如何令你更加不同凡響？

幸運的地方
你如何傳達品牌的在地精神？

康斯特（Consett）只是英格蘭東北部的一個小鎮，卻曾經擁有全世界最大的鋼鐵廠。

我之所以知道這件事，是因為我的家族曾在工廠以及周邊提供鍋爐燃料的煤礦場工作。孩提時代，每當我們造訪康斯特時，鋪天蓋地的紅色粉塵總令我們詫異不已，彷彿造訪火星，只不過外星人非常友善，而且還會叫你「小寶貝」。

令人難過的是，鋼鐵廠於1980年關閉，4500人因而失業。煤礦場也步上後塵，很快地，康斯特成為西歐失業率最高的城市。街道上仍有結塊的氧化鐵粉末，然而現在卻帶來不好的聯想，與一大堆肺部疾病的關聯只增不減。簡單來說，康斯特一度是世界上最不可能推出頂級食物品牌的地方。但是在1982年，四名當地人卻這麼做了。

這個團隊注意到一個市場缺口──融合世界各地口味的一系列高檔零食，但不帶有1980年代逐漸廣為人知的高姿態。他們以儒勒・凡爾納（Jules Verne）的《環遊世界八十天》的主角Phileas Fogg作為品牌的名字。不過真正的神來之筆是強調營運總部位在「康斯特，莫頓斯利路」（Medomsley Road, Consett），甚至打造虛構的康斯特國際機場（Consett International），據說是通往「歐洲文化中心」的大門。

這一切當然都是在開玩笑，不過把焦點放在這些不起眼的根源，正是令商品顯得平易近人的高超手法。

　　莫頓斯利路成為家喻戶曉的名字，當地的議會不得不處理眾多對於這條壓根不存在道路的詢問。不到12年，這群不被看好的東北部老饕便以大約2400萬英鎊的價格將公司賣給聯合餅乾（United Biscuits）。

　　Phileas Fogg對我們而言相當有意思，因為品牌展現了沒有所謂的「爛地方」。許多行銷人員只有在品牌源自普遍認為優美、酷炫或令人安心的地方時，才會想到發源地。因此所有的威士忌廣告都以蘇格蘭高地為背景，所有運動品牌廣告都在美國市中心，所有的食品包裝則都暗指地中海。這些慣例有其道理，然而也可以透過讓跳脫常規的家鄉作為主角，創造更大的效果。

　　莫頓斯利路的故事還有一點很吸引人，就是它展現了一個看似受限的起源故事也可以非常具有魅力。這很重要，因為行銷人員常常擔心，強調品牌的發源地可能會讓其他地方的人覺得掃興。Phileas Fogg背後的團隊顯然並不希望將銷售限制在康斯特的單獨一條路上：他們運用自身的根源，展現一種更廣泛踏實的立場。

　　無論我們是否喜歡，地方不單只是郵遞區號，而是乘載了地區的聯結、刻板印象和奇特癖好。因此，如果可以將在地精神定義為一種態度，而不是死板板的地理位置，一定可以收獲意想不到的廣大吸引力。

　　這無疑也是另一個地區新競爭者的經驗，就在順著A1公路，距離康斯特約100英哩外。2016年，我們接下這個案子時，約克郡茶（Yorkshire Tea）在茶包市場上名列第三。領先的兩大品牌PGTips和Tetly已經叱吒市場數十載，有鑒於英國人不愛改變茶包品牌，因此這些品牌地位看似無法撼動。茶包市場也在長期下滑，幾乎不可能吸引新客群。最慘的是，眼前的品牌是個一切都出錯的爛攤子。

　　儘管如此，我們還是僥倖成功了。或者就像行銷總監唐・杜懷特（Dom Dwight）後來對我們說的，我們「輸了這一球，卻贏得生意」。他在我們身上賭一把的原因是，他在我們其中一項尚未完善的概念中看到了一絲光芒。這個概念是關於進一步運用裝飾工廠

外牆的口號:「把事情做好」(We do things proper)。我們覺得這就是該公司執著品質的絕佳聲明,而且以道地的約克郡口音充分傳達。

但我們還沒想出該如何將這項理念發揚光大,使其變得妙趣橫生而且又要和英國有關。畢竟又名「上帝之郡」(God's own county)的約克郡是出了名的對自身認真以對,而泡好一杯茶的概念可能會感覺太沉悶、太偏重功能又狹隘。

於是我們多次造訪總部哈洛蓋特(Harrogate),卻始終沒有確定的想法。不過漸漸地,我們注意到一些有趣的事。約克郡對於把事情「做好」的理念不單適用於製作茶包,似乎也蔓延到這間公司文化的所有層面。那裡的人就是有一種特質,決心要做好每一件事。甚至連櫃檯接待人員的迎接也顯得比其他地方更友善親切。

這不禁令我們開始思考:關於製茶的故事或許很無聊,但要是我們讚揚這間公司「做好」所有其他的事情呢?我的意思是,我們在工作中總會有些瑣碎小事。我們的創意人員尼克和李說:「我們知道,如果小細節做得好,這就表示大事情也做得好。」

這個突破引出一個新概念:「約克郡茶,把每一件事做好。」

為了在廣告中讓這個概念生動起來,我們請來名人在公司總部做一些瑣碎的工作。重要的是,他們既是約克郡人,也是國寶級人物。例如邁可・帕金森(Michael Parkinson)負責面試,天皇老子樂團(Kaiser Chiefs)帶來等候音樂,肖恩・賓(Sean Bean)為團隊精神喊話。

這是一個扎根於地區但吸引全國上下的點子,約克郡茶在三年內一舉成為英國最暢銷的茶包品牌就是最好的證明。

而且你知道哪個地區的銷量成長最大嗎?答案是蘭開夏(Lancashire)。所有英格蘭北方人都會告訴你,如果一支廣告能讓蘭開夏人願意為名叫「約克郡茶」的商品買單,那廣告一定是做的好得不得了。

召喚幸運

慣例說：只有來自響亮地方的品牌才應該強調發源地。

幸運說：才沒有所謂的「爛地方」。

問問自己：你如何傳達品牌的在地精神？

幸運的傳承

到你的品牌倉庫看看有什麼寶藏？

《鑑寶路秀》（Antiques Roadshow）是英國最長青的電視節目。1975年首播開始，在倉庫中找到寶物的幸運傢伙總能讓世世代代的觀眾驚嘆。他們常常是從祖先那兒繼承了這些物品，卻棄之如敝屣，直到專家現身說法才改觀。

曾經有個玻璃花瓶被當成花生罐（後來估價高達4萬2000英鎊）；某件皮衣竟然是美國總統甘迺迪的物品（價值20萬英鎊）；還有破舊的老相機（32萬英鎊）和不太低調的花盆（56萬英鎊）。我們會嘲笑用無價隕石當作門擋，或是把珍稀掛毯當作窗簾的人，但有時候，企業忽視的過失還更大呢。

公司常常坐擁與這些珍寶不相上下的品牌——只不過資產價值可能高達數千萬而非數十萬。這些物品或許是舊標語、廣告宣傳、推廣機制或圖形設備，或者單純是檔案庫中的精彩故事、照片和包裝。只要拂去灰塵，這些東西就會顯現出自身有多麼強大有力，但可惜往往被遺忘並失寵。

有時候，這種無視是出於真正的無知。由於行銷長與行銷代理公司平均每三年會更換，因此企業的記憶可能極為短暫。但在其他情況下，這項決策反而更慎重，代表希望迎來新作風。在一個歷史被視為守舊落伍的產業中，回顧過往的概念彷如詛咒。

2008年我們經手Hovis的案子時，以上所言的這些論點都再明顯不過。長年身為麵包領導品牌的Hovis，當時剛敗給地區挑戰者Warburtons。Hovis市佔率急速下滑，心懷不滿的零售商揚言要縮

減經銷量。6500名麵包店員工的士氣低落，一切種種導致品牌擁有者Premier Foods身陷危機。《星期天泰晤士報》(Sunday Times)中的一篇文章描述該公司的CEO置身烤麵包機，標題是〈Premier Foods焦頭爛額？〉(Is Premier Foods Toast?)。專家一致認為，這一切都是因為Hovis品牌過時了，急需現代化。

很容易就能理解何以眾家觀察者得出這個結論。Hovis是英國歷史最悠久的品牌，成立於1886年，名稱是拉丁文hominis vis（人的力量）的縮寫。如果這樣還不夠老派，全國各地都有Hovis品牌的慘白外牆彩繪，褪色的廣告讓Hovis已成為過去式的形象更深植人心。

最重要的是，Hovis曾推出一支非常老派的電視廣告。雷利‧史考特(Ridley Scott)於1974年為Hovis執導的《騎單車的男孩》故事就是有史以來最家喻戶曉的電視廣告之一，使用褐色調畫面表現懷舊風情。研究人員抱怨，只要在焦點團體中提到品牌名稱，人們就會開始哼著銅管音樂，提及廣告中老舊的鵝卵石街道。後來接手的經紀公司都努力擺脫這項品牌傳承，採用明亮的動畫風格和現代家庭形象，卻都無濟於事。Hovis似乎永遠困在過去。

在這種令人心灰意冷的背景下，我們很驚訝接到名叫強‧葛斯登(Jon Goldstone)的新任行銷長電話，邀請我們到位在溫莎的Hovis總部。我對那次會議記憶猶新。那天的報紙上滿是糟糕的經濟新聞（當時正值全球金融危機的初期），讓人更無力以例行閒聊開場。

相反的，強開門見山地談起商業挑戰，他形容這有如一座「著火的橋」。除非採取大動作，否則品牌（以及公司）都可能不復存在。長遠來看，他需要全面改革整個行銷策略組合，不過同時間，他請我們拍一支「年度廣告」以控制火勢。說得真輕鬆啊。

這次簡報好就好在強並沒有指定解決方案。說白了，只要能把他從水深火熱中救出來，他根本不在乎我們怎麼做。而且當我們詢問是否能深入了解公司的檔案庫時，他完全沒有一絲退縮。雖然對於一個急需跟上時代的品牌而言，查閱檔案庫不太可能會是靈感來源，不過我們想知道是否有任何元素能重新用於現代，而且還剛好有呢。

　　由於急著想將《單車上的男孩》從歷史中抹去，大家都忽略廣告片尾隱藏著真正有利的標語：

　　「今天也為你的健康用心，一如過去。」（As good for you today, as it's always been.）。

　　好吧，這確實有點太聚焦在健康上，畢竟這是為當年唯一製作全麥麵包的Hovis量身打造的。不過我的創意夥伴丹尼指出，如果把標語縮短為「今天也為你用心，一如過去」（As good today as it's always been.），我們就能傳達大量各式各樣的現代訊息了（從風味到創新，從全麥麵包到白麵包）。最重要的是，這條廣告口號並不像我們記憶中的那樣落伍。當我們再次讀到口號時，可以發現這確實勾起另一個年代的回憶（一如過去），但真正強調的是品牌至今歷久不衰的意義。

　　這激發了另一個想法。如果我們採用《單車上的男孩》的部分敘事精神，而不單單只是標語呢？這點似乎也和預期的不同。然而我們判斷，這支廣告太出名了，與其抹殺它，以此為基礎反而更容易。

　　廣告中是另一個向前跑的小男孩，場景也是褐色調。他從一間維多利亞時期的麵包店開始，手裡抱著一條麵包（一如雷利·史考特經典廣告中的男孩）。這是我們被再三提醒退一萬步都要避免的元素，但我們的小男孩一鼓作氣往前跑過122年的歷史（與122秒）：穿過成群爭取投票權的婦女運動者、第一次世界大戰的新兵、倫敦人轟炸、歡慶世界盃、礦工罷工，最後是千禧年的煙火。最後他跑進一扇現代的前門，把整條麵包放在廚房的桌上，告訴媽媽他回來了。

　　這支「今天也為你用心，一如過去」的浩大改編轟動極了。廣告以過去為基礎，但實際上是讓品牌跟上時代。始終如一的用心故事捕捉了這個國家的希望，而當時的英國正陷入各方面的大蕭條。強·葛斯登不僅如願得到年度廣告，也獲得英國觀眾票選為十年來最喜愛的廣告。更重要的是，銷量一飛沖天。事實上，Hovis是該年成長最快速的自有品牌，根據估計，那支廣告使營收增加了約9000萬英鎊。

想像一下，在你的自家倉庫也能發現類似的寶物嗎？

召喚幸運

慣例說：回顧過去是壞事。

幸運說：品牌歷史可以是絕妙創意的寶庫。

問問自己：到你的品牌倉庫看看有什麼寶藏？

幸運的腳

即使看似毫無意義，你覺得自己最不一樣的特色是什麼？

各位都知道人們怎麼說大腳的男人，對吧？話雖如此，恐怕這不是真的。1993年，加拿大醫師測量了63名男性的腳長和陰莖長度，發現兩者之間的關聯極為薄弱。1999年一項韓國研究也好不到哪裡去，2002年的英國研究也沒有。

事實上，擁有一雙大腳丫似乎沒什麼優點。2011年，一份較深入的調查（沒錯，這方面的研究確實多到有點奇怪……）發現，女性就是偏好腳部大小適中的男性。更慘的是，2016年的一份瑞典報告表示，鞋子尺寸越大，預期的壽命就越短。而且對跑者來說似乎沒有任何益處：運動科學家的共識似乎是，所有步幅的邊際效益都被額外的重量抵銷了。

在過去的傳統行銷角度而言，這讓大腳變得一無是處，沒有帶來我們所學該追求的「有意義的差異化」。

這個概念至少從1930年代就已是廣告業的核心，有時候術語會改變，例如「獨特銷售主張」（Uniqu Selling Proposition, USP）在1990年代被「情感銷售主張」（Emotional Selling Proposition, ESP）所取代。不過基本論調仍是相同的：品牌需要找到能讓他人看重的差異點。那必須是引人入勝的優點，而不是像我用腳舉例的胡說八道。

這項神聖的信念令全世界的公司寸步難行。接棒的行銷人員雖然已經開始尋找不同的論調,卻發現這在諸多類型中幾乎是不可能的任務。整個市場研究產業都是為了提供協助,然而任何曾經主持過焦點團體的人都會告訴你,受訪者根本不在乎品牌提供的主張。

廣告公司也下海了,一家英國廣告公司提出的知名主張是「審問產品,直到它招供自己的優勢」。聽起來很辛苦,對吧?然而這和消費者在購物時想要的完全相反。

過去幾年間,在阿德雷的愛倫堡-巴斯研究中心(Ehrenberg-Bass Institute),拜倫・夏普(Byron Sharp)教授與同事的研究卻推翻了此一模式。夏普運用實徵研究了解消費者真正的購物方式與「品牌如何成長」(How Brands Grow,同時也是他的著作書名),徹底改變了行銷方式。

夏普最顛覆認知的發現之一是,企業的成功不一定非要有意義的差異化不可,反而應該要建立特色,令品牌更突出,進而更容易被看見。最重要的是,這些特質不需要有任何內在目的或深意,可以是單純的顏色、品牌標誌、標語或形狀。

這番看待世界的新方式對許多行銷人員而言,應該是好消息才對。他們再也不用埋頭苦幹,努力找出一個根本不存在的「獨特銷售主張」(USP),而是應該要先思考自己擁有哪些與眾不同的資產。

很多公司都有這些資產,卻可能將之視為毫無意義而棄之不用。或許他們有搶眼的顏色,卻很難表達這個顏色所象徵的更深層意義。或者他們有獨特的形狀,卻沒有真正好好應用。在舊的模式中,這些都可能被認為是不適合的——不過以新的觀點來看,這些就可能顯得確實非常幸運。

來自薩里郡巴恩斯的彼得・梅休(Peter Mayhew)很可能會同意這個觀點。梅休生於1944年,由於腦下垂體過度分泌,身高高達221公分,鞋子尺碼為17.5號。除此之外,他沒有任何過人之處,沒有特殊才能,既沒有運動天賦也沒有學術資質,就只是一名善

良謙和的人，在倫敦一家醫院當患者運送員，直到高人一等的身形為他帶來好運。

事情發生在1976年，當地記者參觀彼得的工作地點，被這名溫和巨人的雙腳尺寸驚得目瞪口呆。這位記者鼓勵梅休寫信給金氏世界紀錄，雖然後來沒有下文，不過記者後來寫了一篇文章描述梅休和他的巨鞋。

因緣際會下，這篇文章引起了一位名叫查爾斯‧史尼爾(Charles Schneer)的電影製作人注意，當時他正在為《辛巴達穿破猛虎眼》(*Sinbad and the Eyeofthe Tiger*) 選角。史尼爾請梅休飾演米諾托，不久後另一位名叫蓋瑞‧庫爾茲(Gary Kurtz)的製作人要他在一部新的太空冒險電影中演出。這部電影被無數製作公司拒絕，後來卻成為史上最成功的系列電影之一：《星際大戰》(*Star Wars*)。1977到2015年間，梅休飾演備受眾人喜愛的丘巴卡(Chewbacca)可說是終於頂天立地了。

我要說的是，有時候毫無意義也沒關係。梅休的出眾外型顯然在生活中沒有任何用處，然而這點確實令他突出，很容易就能被看見。在一個消費者不想花大把時間思考選擇的世界裡，這對絕大多數的品牌而言也是很好的方向。

召喚幸運

慣例說：品牌必須找出有意義的差異性。

幸運說：傻乎乎的特色好過與眾不同。

問問自己：即使看似毫無意義，你覺得自己最不一樣
的特色是什麼？

幸運的老兄

你的品牌有哪些文化連結？

戴爾·卡內基寫下了改善運氣的經典著作《人性的弱點》（*How to Win Friends and Influence People*），而且以這本書獲得好運和財富。1936 年時，該書的首刷只有 5000 本，不過後來成為有史以來最暢銷的書之一。

卡內基的首要祕訣之一，就是談論你的聽眾有興趣的話題，而不是喋喋不休地談論自己。他稱讚富蘭克林·羅斯福（Franklin D. Roosevelt）是這門藝術的大師。顯然這名美國前總統只要有訪客，前一晚總是熬夜看資料，以了解訪客的喜好。

「因為羅斯福深知，一如所有領導人都了解，通往一個人內心的捷徑，就是談論他們最喜愛的事物」。

這對品牌而言也是絕佳的建議，然而確實要謹慎執行。如果銀行試圖和消費者聊嘻哈音樂，或是他們的洗衣粉牌子表達對另類喜劇的看法時，消費者理所當然就會變得尖酸多疑。

如果明顯符合目標客層（例如貝禮詩酒廠力挺女性小說）、與產品有緊密關聯（例如海尼根贊助歐洲足球），或是長期的合作關係（例如百事支持音樂），那麼品牌談論文化的公信力就高多了。要是三項條件全都符合更好。

但要是你的品牌沒有任何正式的合作關係怎麼辦？

難道這表示品牌就不能利用流行文化的某個面向嗎？不盡然。如果彼此之間的關聯夠確實，那麼這種操作會比任何花錢買來的

贊助更有力。我們在2013年幫忙重新推出的卡魯哇(Kahlúa)就是很好的例子。

卡魯哇是來自墨西哥、以蘭姆酒為基底的奇特咖啡利口酒。這是我們許多人都記得浪擲青春時的眾多飲品之一,然而當我們接到行銷經理卡洛琳·伍德(Caroline Wood)的來電時,該品牌已經走下坡十年了。美國的績效尤其令人頭痛,因為美國市場佔銷量的大宗。檢視來自美國的數據,銷量下滑很明顯是因為缺乏新客群,40歲以下的消費者已經不喝這個品牌了。事實上,根本沒有人拿來喝,反而幾乎變成食材用來製作甜點,而且使用的中年媽媽族群還越來越小。

甚至連品牌擁有者保樂力加集團(Pernod Ricard)也對該品牌的運氣感到悲觀,但是卡洛琳堅信我們可以讓品牌東山再起,擄獲新一代消費者的心。這就是我們的任務。

我們的第一步其實很單純:將卡魯哇重新定位為酒精飲料,而不是食品!該品牌最近期的廣告是不斷強調產品多麼美味迷人。但只要是直接喝過卡魯哇的人都知道,說它是咳嗽糖漿還差不多。

此外,40歲以下的客群真正有興趣的是調酒。調酒正在重新流行回來,而該品牌過去曾在調酒領域表現出色,因此我們決定重新聚焦在對話上:卡內基要是地下有知,一定會很驕傲。

不過更重要的是,該拿品牌怎麼辦?

研究過程中,焦點團體中的每個人都很困惑,對品牌的由來毫無頭緒(品牌名稱其實源自阿拉伯文的「咖啡」,由西班牙人帶到墨西哥,不過猜測的範圍竟然從夏威夷一路遠到日本);他們不在乎卡魯哇的製法,說瓶身看起來過時且亂糟糟的。事實上,唯一一段熱絡的對談是他們討論到邪典電影《謀殺綠腳趾》(*The Big Lebowbski*)的時候。傑夫·布里吉(Jeff Bridges)在片中飾演外號「老兄」的傢伙,一天到晚喝卡魯哇最知名的調酒:白色俄羅斯。

一開始這顯得有點離題,畢竟這部電影已經有十五年歷史,而且感覺很小眾。但是該片不斷出現,於是我們就順著對話的方向走,就像卡內基的建議那樣。

我們發現這部電影在網路上的地位相當崇高,甚至在上映時尚未達法定飲酒年齡的年輕人之間亦是如此。其實有一場叫做「勒保斯基節」(Lebowski Fest)的實體活動,數千名影迷齊聚一堂觀看這部片,跟著老兄一起喝白色俄羅斯。這不禁讓我開始思考,如果我們把整個品牌和這部邪典電影結合起來呢?

這個文化領域很符合我們想抓住的客層(從研究中可以清楚看出我們的受眾非常愛這類電影);此一電影類型和商品有強烈連結(該商品在我們的受眾經常光顧的獨立電影院販售);這種連結悠久又深厚(怪的是,我們發現許多其他邪典電影中,卡魯哇總是怪咖的首選酒飲)。

於是我以挑釁的口吻開始了我的簡報:如果把這個品牌交給昆汀‧塔倫提諾管理,他會怎麼做?答案是:卡魯哇製作公司,以及十年來首度銷售量增加。

我們欣然擁抱這番瘋狂的元素混搭——蘭姆酒遇見咖啡、墨西哥遇上阿拉伯、亂糟糟的復古設計,正如邪典電影導演的手法。我們為自家的調酒創作手繪海報,彷彿它們是世界上最酷的B級片:畢竟誰不想看《壞媽媽》、《冰原泥漿》、《科羅拉多鬥牛犬》、《B-52》或《忘情水》呢?我們製作了一部叫做《白色俄羅斯》的四分鐘短片,在好萊塢首映,也在獨立電影院放映。當然,我們請來「老兄」主演(總之是傑夫‧布里吉啦)。

這個故事印證了卡內基的論點:談論你的聽眾有興趣的事物。在這個案例中,就是調酒和邪典電影,而不是乳酪蛋糕和烤奶酥。

當你思考品牌資產時,不要忘記串起品牌和文化的聯繫,因為那可能就是為你贏得朋友和影響他人的最佳機會。

召喚幸運

慣例說：只談論你的品牌、產品或優點。

幸運說：與受眾關注的事物產生連結。

問問自己：你的品牌有哪些文化連結？

幸運的吉祥物

你有哪些可以運用或打造的品牌角色或象徵？

在日本，當地政府和公司都有專屬的地方吉祥物，叫做「yuru-chara」（ゆるキャラ），意為慵懶隨性的角色。其名稱多少帶有輕鬆俏皮的含義，反映出角色本身有點天真，而且不需嚴肅以待。

這股現象是在 2007 年真正開始流行，當時彥根城量身訂製了一款吉祥物以慶祝四百週年。彥根喵是一隻戴著武士頭盔的超可愛白貓，設計概念來自當地的傳說。彥根喵在當時成為文化現象，賣出大量周邊商品，為當地經濟帶來數億美元的收益。

其他城市也立刻加入這股風潮，以當地的知名特色創造專屬吉祥物。2010 年時，日本的吉祥物數量多到舉辦了全國大賽，以獎勵最佳吉祥物。

然後在 2014 年左右，一切都破滅了。那一年，幾千個吉祥物參加這場年度盛會，數千萬名日本公民投下自己的一票。有些地方吉祥物還推出電玩和音樂專輯。然而政府擔心這股狂熱會導致地方議會在這種自我指涉的無聊事上浪費時間和金錢，因此財政部下令「裁員」。

一夜之間，數百個吉祥物遭到廢止，造成新一波的吉祥物失業現象。其中包括一隻名叫「阿大」（アダチン）的日本狆，他被視為流浪狗，在足立的購物中心遊蕩，販售上面寫著「市長討厭我」、「我被炒了」等標語的周邊商品。

這可能聽起來像只會發生在日本的特有故事之一。不過事實上，這反映出西方國家廣告中的吉祥物的命運。不久以前，品牌角色在我們的市場中還相當普遍，如今他們已經過時了，過氣程度到我幾乎可以想像阿大在購物中心撞見各式各樣的貓咪、老虎、公雞、乳牛、士兵、農夫和水手。他們很可能身上穿著寫有「我的品牌行銷人員討厭我」的T恤。

現代行銷人員拋棄品牌角色的原因百百種，有些非常合理（某些公司最近意識到他們舊有的象徵物帶有種族或性別歧視，使其如今完全不合時宜），不過整體而言，他們的邏輯相當薄弱。尤其是在研究顯示，以品牌象徵為特色的廣告提高利潤的可能性為22%。

例如，人們常常擔心吉祥物過氣，退流行了。不過這一點需要衡量的是，吉祥物帶來的立即辨識度——正是因為它們已經存在很多年了。

如果你的吉祥物如今顯得有些簡陋粗劣，來個大改造通常好過完全解僱他們。看看肯德基對桑德斯上校（Colonel Sanders）的改造，就能明白即使是特色最強烈的人物也能煥然一新又有當代風格。

也有人指責這些方法太蠢，由於當時許多品牌正在努力對付社會上的嚴肅議題。撇開行銷人員是否應該這麼做的問題（我將會在其他單元探討此議題），這似乎更像是想像力不足，而非本身的缺陷。讓我們快速瞧瞧米其林寶寶（Michelin Man）多年來對輪胎安全的推廣，應能表現出鮮明的角色能夠靈活應對嚴肅議題和好玩的事物。

或許最大的考量是品牌角色是關於品牌本身。他們並不活在真實世界裡，因此更難展現真實的消費者洞見。與其代表公司，不是更應該代表整個社會嗎？

話是這麼說，不過若能同時呈現兩者，那不是更好嗎？

最好的廣告不只是反映出消費者的樣貌，還能提供獨特的觀點。只要問問「麵糰寶寶」（Pillsbury Doughboy）或PG Tips猴子（PG Tips Monkey）就知道了。

幾年前，我們正與當時最現代的品牌合作：推特（Twitter）。他們過去不需要打廣告，然而現在他們的動能開始趨緩。問題在於他們雖擁有一群熱愛推特的忠實核心用戶，卻很難吸引新的使用者。

似乎很多人覺得要夠聰明或風趣才能使用推特，因而卻步了。因此，我們的簡報重點就放在重新定位品牌，使其從原本展現自身亮眼智慧的地方，轉化為只要在這個平台就能享受其他人創作的五花八門內容。

現在，我要略過行銷人員為了讓推特更平易近人而打造的各種聰明產品。我也要跳過我們關於捕捉生活中豐富多樣性的策略，因為這點時時刻刻在改變。只要說我們的標語是「正在發生的新鮮事」（This is happening），就能回答你每次使用推特時跳出的問候問句：「有什麼新鮮事？」（What's happening?）。

更重要的是，為了我們在這個案子中的目的，我們利用推特的知名藍色小鳥吉祥物來傳達我們的訊息。

從表面上來看，這一點意義都沒有，而且還呼應前面提過的考量，可能會顯得有點笨拙、膚淺且只關注品牌本身。甚至可說是忽視使用者的傾向：這隻小鳥是發推文的象徵，可能會把只想看推文而非創作內容的使用者推得更遠。但是我們覺得如果不善加運用當代文化知名度最高的標誌，那才是腦袋壞掉了。

因此我們將之重新設計成框架設置（framing device）──小鳥不再是交流的吱喳象徵，而是變成永無止境的消費入口。無論在電影裡還是在戶外，我們都能透過多個小鳥標誌進入推特，探索無窮盡的大量內容，從嚴肅的政治宣傳到愚蠢的流行文化內容，無所不有。我們甚至還有可愛的小貓咪，一點也不輸給彥根喵呢。

這個手法之所有奏效，是因為客戶團隊能夠看見淺薄論點底下更強大的益處，像是知名度、品牌屬性、一致性與傳達速度。

這隻小鳥並不是他們的包袱，反而是幸運的吉祥物。你的吉祥物可能也是呢。

召喚幸運

慣例說：品牌角色與品牌象徵過時了。

幸運說：吉祥物最好賣。

問問自己：你有哪些可以運用或打造的

品牌角色或象徵？

幸運的員工

該如何打響你的客戶服務名氣？

大部分的公司都有處理自身職責以外業務的員工，但是他們有時會被老闆忽視。因此我常常鼓勵企業將這些員工視為潛在資產，也是另一項老闆應該更加珍惜的幸運資源。每次我提到這件事的時候，總是免不了提到一位名叫克里斯·金（Chris King）的特易購（Tesco）員工。

2011年時，克里斯收到一封名叫莉莉·羅賓森（Lily Robinson，「三歲半」）的小女孩的來信。莉莉對於一件迫切的議題有強烈意見（我在後面的單元會談論更多關於孩童視角的潛力）。莉莉以令人激賞的簡潔語氣單刀直入地寫道：「為什麼虎皮麵包要叫做虎皮麵包？應該叫做長頸鹿麵包。」

如果你對這項產品很熟悉，那就不得不承認她的意見很有道理，而克里斯正是這麼認為。他回信寫道：「我覺得幫虎皮麵包重新取名字是超棒的點子，比起老虎的條紋，麵包更像長頸鹿的斑點，對吧？它叫做虎皮麵包是因為很久很久以前，最早做出它的麵包師傅認為看起來像老虎的條紋。或許這些師傅有點呆吧。」他附上一張3英鎊的禮券，並在信上署名「克里斯·金，27又1/3歲」。

這封可愛的回信立刻在網路上爆紅，並在Facebook上引起一篇15萬讚數的貼文。結果，超市真的將這款產品改名了，進而帶來更多正面報導。

　　這就是很可愛的例子，表現出一個充滿人情味的小動作比浮華的廣告更能說明公司的精神。這就是為何我常常提到這件事，因為這是我最愛的顧客服務故事之一。

　　只不過，為了撰寫本書而查核事實的時候，我發現克里斯·金根本不是為特易購工作，而是他們的主要競爭對手Sainsbury's。所以這麼多年來，我根本說錯故事了。

　　雖然我還是認為這是員工力量的絕佳例子，現在我也將之視為員工暗藏的風險的警告。

　　讓我們回顧一下我的開場白：「大部分的公司都有處理自身職責以外業務的員工」。問題就出在這裡。雖然讚揚員工的表現絕對沒有錯，但對一般民眾來說卻很難區分這類故事。畢竟一名面帶笑容的銀行櫃員和另一間銀行的櫃員看起來差不多，某位速食店店員的故事乍聽也可能像另一家速食店。

　　某一方面來說，你可能不在乎這點，因為你的內部受眾本身就極為重要。只要他們覺得自己受到認可，你或許就覺得自己達成任務了。然而這本書是關於如何充分運用你的運氣。

　　如果你夠幸運，擁有優秀的員工為你工作，那麼讓他們的故事變成更巨大、更長久，而且更關注消費者的東西，豈不是更好？

　　維珍集團董事長理查·布蘭森（Richard Branson）一定會贊同。他非常相信運氣，稱之為「人生中最常被誤解與低估的因素之一」。他也極力推崇員工的力量，認為如果你「照顧好你的員工，他們就會照顧好你的事業」。

　　多年來，我有幸能與維珍帝國的多個部門共事，稍後會分享一些對此的心得。不過現在我想起在「維珍假期」（Virgin Holidays）的時光，以及我們如何以顧客服務為基礎打造出遠大理想。

　　那是2010年，當時旅遊市場的日子很不好過。

　　嚴格來說，2009年全世界可能已經從經濟衰退中走出來，然而緊縮政策卻達到最高點。然後到了四月，一場冰島的火山爆發幾乎

摧毀所有歐洲各地的旅遊。高達9萬5000個航班遭到取消，旅遊公司的各種回應引發了大量的抱怨。

當時正是維珍重振服務信譽的好時機，但是我們不想採用戰術性的投機手法。相反的，我們想要訴說一則同樣適用於快樂時光的光明故事。維珍假期的行銷總監安德魯·謝頓（Andrew Shelton）告訴《Campaign》雜誌：「員工希望在事情出錯的時候受到照顧，不過在一切順利的時候也應該被友善以待。」

一如往常，訣竅就在於如何讓這則顧客服務故事令人信服且難忘。事實上，維珍假期確實傾向招募較風趣活潑、自動自發的客服人員，以符合母品牌的精神，然而這點很難傳達。

在所有我們的競爭對手竭盡全力強調自己多麼重視服務紀錄時（通常佐證較少，但更花錢），我們則擔心自己的訊息可能會被忽視。因此我們開始尋找只有維珍能夠使用的語言形式，且必須是家喻戶曉的東西。

最後我們找到了一個，就直接來自公司的根源。理查·布蘭森身上流著搖滾樂的血液。他最早的事業是創辦一本學生雜誌，他為此訪問了滾石樂團主唱米克·傑格（Mick Jagger）。接下來，他開了一間郵購唱片公司，然後是一家音樂行。他的重大突破——而且首度使用自己的名字——是成立一家名為維京唱片（Virgin Records）的音樂品牌。簽下性手槍（Sex Pistols）是他最臭名昭彰的時刻，因為當時根本沒人敢碰這個樂團。

就連布蘭森的外表和說話方式都更有音樂城格拉斯頓伯里（Glastonbury）的味道，而不像是出身於倫敦。我們覺得這就是維珍假期的客服人員如此出色的原因：因為他們早就習慣和理查與他的朋友打交道。「搖滾巨星服務」（Rockstar Service）的點子就此誕生。

這個點子精彩到整個企業都支持，而且消費者也能容易理解。我們在一支趣味橫生的廣告中鮮活呈現這個點子，以一個名叫「Danke Shöns」的麻煩樂團為主角，他們以為受到尊榮待遇是因為自己是名人（顯然忘了維珍假期對所有顧客一視同仁）。

這個點子不僅止於此。我們聘請吉米·罕醉克斯(Jimi Hendrix)的前巡迴經理教導員工如何與搖滾巨星打交道。旅館房間裡放了充氣電視,可以扔出窗戶。安排了司機,也發放了後台通行證。這個點子甚至被輸出到維珍集團的其他部門,包括郵輪。

當然啦,強調由真實員工演出的真實故事仍是最重要的。不過這些員工現在擁有更強烈的共鳴,因為他們也成為難忘故事的一部分了。讓我們把話題帶回到可愛的克里斯·金身上,我還是會繼續把他當成最佳實踐的例子。不過從現在起,我會加倍肯定宣揚遠大理想的必要。

因為我學到的是:你需要出色的服務水準和優秀的員工才能因顧客服務而出名。

召喚幸運

慣例說:你的員工可以成為你的祕密武器。

幸運說:話是不錯,但是如果不將員工隱藏起來,他們反

**　　　　而會更強大。**

問問自己:該如何打響你的客戶服務名氣?

幸運的燃料
你坐擁哪些豐富資訊？

近年來，行銷人員越來越愛說「數據就是新的石油」。我從來不喜歡這句話（我的年紀已經大到記得關於整合、個人化、經驗、影響與其他種種的類似說法）。不過在 2020 年 4 月 20 日，這句話總算引起我的共鳴。

那是有史以來油價首度跌到零元以下。

這是在新冠肺炎疫情之下，另一個讓人難以置信的意外後果。石油的全球需求在一夕之間衰竭，然而供應仍保持穩定，因此石油產業沒有庫存空間了。隨著恐慌高漲，操盤人員開始付錢給做單員以便脫手石油。

對我來說，這股事態使得行銷隱喻更有力了。起初，這種比較應該要把數據定位為珍貴的資源，能夠潤滑企業的齒輪和輪子（這些都是真的）。 然而現在，這個類比讓我們發現，如果大量累積卻不使用，那麼有價值的商品也會變成成本高昂的負擔。

事實上，在許多企業裡，這種解釋或許更貼近事實。現代公司以難以想像的規模收集數據，網羅我們幾乎無法理解的數字：吉位元組、兆位元組，甚至拍位元組，但公司未必能將這些數字用來產生同樣巨大的效果。

結果是，品牌擁有者常常坐擁資訊的金礦（混合商品隱喻）卻未能意識到這一點。他們可能自認運氣不好，沒有注意到眼前的財

富。或者，他們充其量甘於時不時挖到的一些奇特點子：一點洞察力就能幫助他們加強新產品開發的目標客群或重點。

有鑒於收集數據的費用，我認為這樣根本是浪費。我認為我們全都該對累積的數據要求更高。數據不只是我們在後台收集來的成堆無聊資訊，數據也可以是放在舞台中央活潑有趣的事實。

Spotify在這方面就做得很出色。2016年12月，他們推出一檔廣告，內容是從用戶收聽習慣的龐大數據庫中取出驚人的統計數字，做成饒富趣味的年度觀察。例如其中一張海報上寫著：「在脫歐投票日播放〈這是我們所知道的世界末日〉（It's the end of the world as we know it）的親愛的3749名聽眾，撐下去啊！」另一張海報上寫：「情人節當天在洛杉磯連續聽了48小時《一輩子單身》（Forever alone）播放清單的人，親愛的，你還好嗎？」

隔年十二月，他們推出各種惹人會心一笑的廣告，利用數據提出給2018年的「人生目標」。例如：「像在『我愛紅髮人』播放清單中加入48首紅髮愛德（Ed Sheeran）歌曲的人一樣充滿愛」。或是「和製作『左派精英的雪花BBQ』播放清單的人吃純素牛腩。」

然後到了2020年，他們利用數據向所有用音樂讓我們繼續前進的人表達感激，包括「女人讓饒舌在當今繼續流行」（women are keeping this rap sh*s afloat rn）。

同時，個人使用者也能獲得聆聽習慣的個人化簡報。「Spotity年度回顧」（Spotify wrapped）會總計你的使用分鐘，然後依照你最喜愛的歌曲、歌手和類型細分。接著你可以在社群網站上分享這些重要統計，並與其他使用者比較分數。連音樂人也能參與，他們得到自己的數據，概括自己有多少樂迷、在多少國家等等，並發布在自己的頻道上。

這個手法讓Spotify成為最大型的音樂串流平台，截至2020年第三季，共有1.44億付費訂閱者，每月有3.2億名活躍使用者。這條路也適合老牌子，而且品牌甚至不需要有自己的數據呢。

　　舉例來說，近來西班牙最受歡迎的廣告之一是由一款名叫Ruavieja的利口酒所推出的。傳統上會在午餐後飲用該品牌，然而這個習慣卻受到現代生活壓力的衝擊。因此，行銷團隊想要提醒人們與心愛的人共度美好時光的重要性。不過他們聰明地選擇不以傳統的行銷廣告傳達這一點：畢竟「享受珍貴片刻」的概念已經被用到爛了。

　　取而代之地，他們運用可公開取得的數據，預測每個人還剩下多少時間能和各個心愛的人一起度過。好吧，他們確實為此量身打造了演算法計算，但是這種簡單的機會任何人都能抓住。超過50萬人平均花費5分鐘在微型網站上計算他們的分數，計算結果往往令人心驚。

　　這兩則故事讓我喜愛的是，它們展現了數據真正的力量。Spotify的例子中，枯燥的使用者資訊搖身一變成為機智的社群評論。而在Ruavieja的案例中，人口統計數據則用來促進關於人生的深層對話。

　　如果你擁有自己的顧客數據（或是可從他處取得資訊），那麼就應該覺得自己非常幸運。只要別浪費機會就好。數據就像石油一樣，但你應該要像對待創意火箭的燃料那樣對待數據，而非只把數據當成巨大鑽油孔產出的昂貴商品。

召喚幸運

慣例說：盡量多收集數據。

幸運說：盡量精彩地使用數據。

問問自己：你坐擁哪些豐富資訊？

幸運的包裝

要如何只運用自有媒體訴說品牌故事?

聖地牙哥大學的研究人員最近進行了一項實驗,探究我們如何評估想法。他們告訴一群志願受試者,有一款採用奈米科技的新鞋可以降低長水泡的可能。不同之處在於,他們告訴一半的受試者這項科技是在附近開發的,對另一半受試者則說該技術的開發地點是在很遠的地方。

這可能有點令人驚訝,如果消費者以為該技術是在很遠的地方發明的,就會認為這個點子更有創意。

研究人員解釋,當人們評估「遙遠」的想法時,會處在一種較抽象的心態,進而較容易接受其可能性而非風險,這項研究就說得通了。對於這點,我想補充的是,距離能增添些許創意的魅力和異國吸引力。

我會在下一個單元討論加強這種對其他領域點子的天生好奇心與開放心態的重要性。根據我的經驗,培養這種廣泛興趣是提高品牌運氣最有效的方法之一。不過就目前而言,我想要快速提醒一下相反的問題:如果過度耽溺於來自其他地方的點子,你很可能不會注意到眼皮底下的機會。

我尤其想要聊聊那些太常被忽略的媒體機會。進入千禧年以來,許多行銷人員都使用一種名叫POEM的模式作為行銷管道規劃的方

針。目前還不清楚是誰先創造出這組縮寫，不過你大概知道，這些字首代表「Paid, Owned and Earned Media」（付費、自有與贏得媒體）。

POEM首度推出時，確實有助於提醒我們媒體領域中不只有傳統的傳播管道。多年來，我們都從圖表中看出從付費媒體到贏得媒體的轉變。那夾在中間的自有媒體呢？

自有媒體涵蓋所有你能夠自行掌握的管道，從品牌網站、社群貼文訊息到自家店面櫥窗和包裝都算。因此，這是非常可貴的平台，涉及任何媒體規劃時都應該是首選。然而自有媒體缺少那些由城市另一頭某間廣告公司製作的大型付費廣告的魅力；也沒有「贏得媒體」的聲量，顧客讓你的品牌「瘋傳」全國的可能性為零。

簡單來說，自有媒體就等於研究人員的無趣舊鞋：既熟悉又可靠，但很容易被忽略，因為就在自家後院製造。

聰明的行銷人員很清楚這是一個錯誤，而且他們並沒有比Oatly的員工聰明到哪裡去。Oatly是一家瑞典公司，早在1994年就將燕麥奶商業化，不過該公司經過許多年才真正起飛。當然啦，近年來，燕麥作為食材受到廣泛認可，以及乳製品對於健康和環境衝擊而產生的擔憂，該品牌確實從中受惠。但是即便有這些助力，直到2012年，Oatly仍是相當鮮為人知的快速消費品（FMCG）品牌。當時公司聘請新的執行長東尼・彼得森（Toni Petersson）和行銷長約翰・斯庫克拉（John　Schoolcraft）之後，該品牌迅速受到矚目。

這對雙人搭檔之前就共事過，決心展開比之前更激進徹底的策略。他們不再只是被動地順應社會趨勢，而是積極支持植物性生活的益處。他們不怕與乳製品產業正面對決。事實上，他們非常樂意。

他們製作了非常有力的宣言，像是通常會在大型付費廣告或有爭議性的贏得媒體行動中揭示的那種宣言。但正好相反，他們把重心放在自有媒體上。

斯庫克拉接受Eatbigfish諮詢公司專訪時解釋了原因：「我們從包裝著手。包裝是自有媒體，而且這也是因為我們沒有美國或英國那種規模的廣告預算，所以那真的是我們的主要媒體。在

食品產業中，通常任何包裝的改變都會讓公司非常擔心銷售量會下降。品牌會做細微的調整，這樣消費者就不會感到困惑，結果就是根本沒人注意到改變。我們採取不同作法，完全捨棄舊包裝，準備好接受打擊。」

一夜之間，Oatly的包裝搖身變成海報，上面是惹眼的標題，像是「由植物提供」（Powered by plant）和「專為人類打造的牛奶」（It's like milk but for humans）。這些標語包括多款文案，但都是那種令人想要細讀的機智評語，而不是一般包裝上的敷衍資訊。他們採用手繪卡通和字體，讓包裝看起來像龐克樂團的專輯封面，而非營運手冊。他們甚至還放上批評性評語作為激將法：「味道像屎！呸！」

從那時候起，Oatly也使用傳統管道，但其實就是這些包裝的放大版。而自有媒體優先的手法奏效了。銷售量成長了約100%，公司最近的估值約為20億美元。

當然，你的品牌可能沒有實體包裝，不過在一頭栽入傳統方法之前，切記先審核自己的不動產。也許你想要像Nike那樣打廣告，不過如果可以做像梅西百貨（Macy's）的櫥窗、GoPro的社群媒體、Uber的電子郵件、Trader Joe's的傳單，或是像Twitch的網站，那麼你或許就不需要花大錢打廣告了。

召喚幸運

慣例說：付費和贏得媒體才是推廣品牌的最佳方式。

幸運說：自有媒體應該是你的首選。

問問自己：要如何只運用自有媒體訴說品牌故事？

幸運的時機

為什麼這是品牌存活下去的
最佳時機？

「時機就是一切」是句老生常談，最廣為人知的就是喜劇演員篤信這句格言。政治人物、投資者、運動明星、音樂家、主廚、士兵、歷史學家、演員和戀人也都如此。在商業世界中，時機也被奉為至高的真理之一，常被用來解釋福特和微軟等公司的成功。儘管如此，時機的潛在優勢還是經常被忽視。

丹尼爾‧品克（Daniel H.Pink）在關於時機的科學精彩著作《什麼時候是好時機》（*When*）中探討此一矛盾。他說雖然抓住時機很重要，但通常是依照「直覺和猜測的混沌沼澤」。因此品克建議運用實證現象，像是「新起點效應」（Fresh Start Effect）。

這個研究發現，人們較可能完成在新週期開始時設定的目標。這能賦予人更大的動力，由此我們深受起始的影響。品克探討了所有這一切與人類行為的關係，例如我們在新年或一週的開始的行為，不過我認為這也非常適合套用於品牌。

最明顯的就是，這種效應在新創公司清楚可見。品牌剛推出時，它們有機會如嶄新曙光般呈現自己。其中最精彩的標語之一就是英國電信公司Orange廣告詞：「The future's bright, the future's Orange」。

不過當然啦，大部分的品牌都不年輕，反而正在經歷成長痛、中年危機，甚至是老年退化。

這些公司無法改變它們的實際年齡，但是能夠呈現自己是新世代的一部分，讓品牌重新出發。不過要做到這一點，它們首先必須要意識到這種可能性（否則機會就會在夜裡溜走）並合理地把握時機（否則只會顯得在趕流行）。

對大部分的企業而言，這需要改變思維。不應該把時間視為自然發生在品牌身上的事，而是應該將之視為另一項未充分利用的資產：為什麼這一刻屬於我們？

有趣的是，品克的書在2018年初出版，當時我正在為Co-op製作一份棘手的簡報，結果這本書變成我的絕佳時機。

Co-op（The Co-operative Group，英國合作社集團）是一個非常出色的組織，1844年成立於磨坊小鎮羅許戴爾（Rochdale），作為社區自助的方式。這是世界上第一個合作社公司，至今仍為其會員所有，每年為當地帶來數百萬英鎊收入。

多年來，合作社不斷擴張版圖，從零售業（擁有全英國最大的商店網絡）到殯葬業（同樣是英國市場的領導者）。Co-op甚至贊助自己的學校、有線上藥局、賣保險等等。最近它們剛克服金融危機，新的管理團隊正在尋找新的出發點。

該公司的兩大頂尖行銷人員馬特·亞金森（Matt Atkinson）和阿里·瓊斯（Ali Jones）解釋，公司之前一直專注在各個獨立的業務部門，結果除了「道德零售商」之外，民眾已經不知道Co-op真正的意義了。「共有」和「互惠」之類的字眼完全使不上力。

我們的簡報是要強調單一的Co-op願景，能夠延伸到整個集團：他們費盡心力說明這是全組織上下的艱鉅任務，而不是一份廣告簡報（不過這可能是之後的事）。我在座位上心煩意亂，想著到底該如何讓食物和殯葬有一致性，更不用說其他東西了。

最後，重大進展是來自馬特和阿里對捕捉時代精神的一些意見。他們並沒有迷失在業務細節中，而是對今日社會中更大的挑戰充滿熱情（一如Co-op的許多員工），像是永續性、社區福祉、食物匱乏、技能落差等議題。他們合情合理地主張，若各方不共同努

力,這些問題就無法解決,並談到關於打造進入新時代的感覺,而合作就是這個時代的關鍵。

這點引起了我的共鳴。我開玩笑說,如果某家叫做「The Køøp」的瑞典新創公司推出會員制運動,橫跨學校和殯葬業,目的是讓金錢回饋當地社區,那麼我們都會大吃一驚。他們大笑,但接著我們全都為這個以全新角度呈現大家熟悉的Co-op的點子興奮起來。

我們摒棄維多利亞時代的「共有」和「互惠」的語言,以面向內部的句子強調Co-op的不同之處:

「我們關心我們共享的世界。」

所有的業務部門與根本的商業模式確實如此。雖然流露出Co-op的起點,但這句話在今日也感覺非常適切:一個新開始。

最重要的是,我們可以用行動證明。我們不只是跟上最新趨勢或進行表面上的企業社會責任;這就是合作社的作風,日日如此。至於對外部的口號則是:

「這就是我們所做的。」

自此,整個合作社支持這項號召。經過十年的潰散,我們宣布合作社新的十年的開端。更重要的是,我們以適時的行動支持口號。

例如,我們建立一個線上平台,串連起志願者和有需要的人。我們也與英格蘭足球員馬可斯‧拉許福德(Marcus Rashford)合作處理食物匱乏的問題。我們還發放筆記型電腦以解決在家自學的不平等。

在數千名同事的幫助下,銷售金額首度衝破100億英鎊大關,市佔率也達到幾乎二十年來的最高點。這不只是因為我們的時機僥倖,而是因為我們看見重新出發的機會。

如果我們可以讓一家擁有174年悠久歷史的組織重新出發,那你要如何為你的品牌把握今天?

召喚幸運

慣例說：時機不是你能掌握的。

幸運說：你可以抓住時機。

問問自己：為什麼這是品牌存活下去的最佳時機？

第二單元
處處尋找良機

上一個單元是關於欣賞你擁有的一切，第二單元則是關於在他處尋找意想不到的機會。

　　這不是什麼新點子，羅馬詩人（偶爾也是名副其實的釣客）奧維德（Ovid）就曾給過忠告：「機會很強大。永遠要把魚鉤拋出去，拋往你最沒有期待的溪流，魚就在那裡。」不過現在這個古老的建言已被針對運氣心理學的實徵研究證實。

　　賀福郡大學（University of Hertfordshire）的教授李察・韋斯曼（Richard J. Wiseman）是該領域的世界級領導者。在他的眾多實驗之一，他請一組人閱讀報紙，並計算照片的數目。受試者在事前已經先被問及認為自己是幸運還是不走運。令人驚奇的是，「幸運」的人在幾秒內就完成任務，而「不幸」的人則平均需要好幾分鐘。原因是報紙的第二頁刊登一則廣告，上面寫著：「別數了，這份報紙共有42張照片。」只有「幸運」的受試者看到這幅廣告。

　　韋斯曼利用這個發現，主張運氣一部分是因為對進行中的核心任務以外的機會保持警覺。

　　幸運的人通常邊緣視覺較好，而不走運的人則傾向專注在手上的工作。為了強調這一點，韋斯曼還加入另一則廣告，上面寫著：「別數了，告訴實驗者你看到這幅廣告，贏得250美元。」不走運的受試者同樣錯過了，因為他們正忙著找照片。

　　這種在進行另一項任務中造成無意中發現的現象被稱為「偶然力」（serendipity）。

　　偶然力在科學界廣為人知，促成過許多著名的突破。最遠近馳名的就是促成亞歷山大・弗萊明（Alexander Fleming）發現青黴素的動力，當時無人留意的培養皿上長出一些黴菌。然後是伯西・斯賓賽（Percy Spencer），他因為巧克力棒在雷達實驗中融化而發

明了微波爐。當然啦，許多藥物都是這樣被發現的，最知名的就是威而鋼（Viagra），原本是用於心臟病藥物的測試，直到研究人員發現一種奇特的副作用……

科學家並不認為這類發現是「僥倖」，因為他們意識到，能看出機會是貨真價實的能力。然而在商業世界裡，這種工作方式卻會惹人皺眉頭。

事實上，正如偉大的傑瑞米・布摩爾（Jeremy Bullmore）所指出的，這實際上被視為一種「作弊」形式。點子應該只能透過按部就班的嚴謹分析發展，而不是在事後將之合理化。我們被教成工作必須專注，心思不該到處飄。這真是太可惜了，因為根據我的經驗，一些最好的創造突破都是源自這種可喜的意外。

在本單元中，我將告訴你該如何創造自己的驚喜意外。我將會描述自然、運動、藝術、說故事、數學和心理學何以全都能激發精彩的行銷策略，只要你的心態開放。我會探討從毫不相關的地方借鑑點子的力量。我也會展示傾聽圈外人——像是來自其他文化、年齡層與專業領域的族群——何以能帶來新視角。

好吧，我要談的那些發現不太可能讓你贏得諾貝爾獎。不過它們確實印證像是路易・巴斯德（Louis Pasteur）等所說的：「機會只眷顧準備好的人」。在商場上，一如在科學領域，機會有時候會在意想不到的時候來敲門，你該如何認出機會，並且讓它進門呢？

幸運的喬治
你的品牌能向大自然學到什麼？

1941年某天，喬治・德邁斯特拉（George de Mestral）正在瑞士的侏羅山上打獵。他和平常一樣，帶著狗同行，回到家時，他發現狗的毛髮黏滿無數細小的毛刺。

現在所有的狗主人都會跟你說，務必去除那些毛刺，因為可能會讓狗狗不舒服，如果毛刺中藏有蜱蟲，甚至會對寵物造成威脅。問題來了，這些毛刺非常難去除，必須要雙手戴手套、拿著梳子、毛刷，甚至還要用上鉗子。

大部分的狗主人都必須全神貫注，以確保逮住所有會引起痛癢的毛刺。但是喬治・德邁斯特拉和大部分的狗主人不一樣——他是一位工程師。因此他並不是單純地專注在移除毛刺，而是思考為何這些東西會黏在狗毛上。

他在顯微鏡下細細查看這些種子時，德邁斯特拉發現每一顆種子上都包滿倒鉤。這些帶鉤的種子會抓住任何本身帶有環圈的東西——無論是狗毛、鳥的羽毛，還是人類的衣物。它們以這種方式演化以幫助植物傳播種子。不過德邁斯特拉現在發現這些種子或許也是新型態扣件的靈感。

接下來的幾年中，他實驗了各式各樣的組合。然後他在1955年終於為一項絕妙的解決方案申請了專利：其中一條材質上覆滿數千個方向各異的倒鉤，另一條材質也密布一層層環圈。他稱之為「Velcro」（魔鬼氈），來自「velvet」（天鵝絨）和「鉤針」（crochet）的組合。

德邁斯特拉的發明就是「偶然力」的經典例子。我們大多數的人都會太過專注在手上的任務，因此錯過了這個機會。

更具體地說，這是一個仿生學的例子，也就是人類從自然界借鑑想法。這是現在非常流行的創新方式，因為這讓人類能夠以經過數百萬年進化的狀態為基礎。

仿生學也能帶來更永續的解決之道。例如辛巴威的建築師以白蟻的蟻丘為靈感，設計出辦公室的冷卻系統。日本科學家模仿翠鳥的空氣動力學，打造出性能更好的火車。以色列的環保人士正在師法潮間帶和養蠔池以改善海岸防護的設計。這些聽起來或許離我們日常微不足道的工作太遙遠，不過事實上，大自然也可以是行銷人員的絕佳靈感來源。

就拿我們業界過去數十年間最傑出的點子來說吧：品牌生態系（brand ecosystem）。這個概念是指，公司之間與其個別較勁，反而應該與合作對象、供應商，甚至是競爭對手形成網絡，為消費者帶來全方位的服務。

世界四大品牌——亞馬遜、蘋果、Google和微軟——它們皆使用此一模式，這並不是巧合。而所有其他行銷人員被催著開發自己的生態系統策略，無論是架構師還是較資淺的參與者，也都不是巧合。這種模式很受歡迎，因為被認為能帶來更大的規模、效率、忠誠度和保護。然而這種方法是直接取自大自然，和生命本身一樣古老悠久。再來就是人類是群居動物的概念。 這是前廣告策略師馬克・厄爾斯（Mar Earls）在2007年首次使之普及化的，當時這被視為異端概念。

在那之前，大部分的行銷教科書（以及其他領域的教科書）都將人類視為理性的個體。厄爾斯用大量經驗證據挑戰這個想法，包括人類與其他物種的相似之處。今日，他的基本前提——亦即人類是社會性動物，大部分的決策都有強大的團體動力——這點已經相對沒有爭議了。

或者是關於如今的大議題：永續性？

　　我近來最喜愛的行銷論文之一就是出自偉門智威廣告（Wunderman Thompson）的策略師之手，他名叫歐瑪爾·艾爾－加瑪爾（Omar El-Gammal）。這篇論文圍繞著一個取自大自然的有趣比喻。艾爾－加瑪爾認為，太多企業目前像雜草般運作：他們把迅速持續的成長放第一，不惜犧牲自身週遭的一切。他覺得樹是比較好的模式：它們也會成長，不過比較穩定，同時深深扎根於群落，為周圍的一切提供遮蔽和養分。

　　這是來自大自然的三個重要問題：「你的生態系是什麼？你如何吸引人類的群居動物本能？比起雜草，你要如何更像樹？」太多時候我們的腦袋都塞滿白天的工作細節，因而忘記問像這些更有助益的問題。

　　我們最後只是去除狗狗身上的毛刺，而沒有發明魔鬼氈。

　　說到這個，另一位名叫羅素·大衛斯（Russell Davies）的策略家發表了一個關於「如何變得有趣？」的演說。猜猜他用什麼當比喻，雖然是以非常不同的方式。

　　「我們需要很多很多各種方向的隨機倒鉤和環圈。」他說：「如果我們每天都讀同樣幾本書，只會更了解已經很了解的事。我們需要訂平常不會訂閱的雜誌，需要去平常不會去的地方，到可能不是自己偏愛的地方用餐。不只是單純維持在最佳狀態時，我們就會維持有趣。我們要不斷前進，暫時丟開我們了解的事物。魔鬼氈往四面八方散開，如此才能形成黏合。如果我們對新點子感興趣，那我們也應該讓自己保持有趣。」

　　我從來沒看過羅素·大衛斯的演講，而是在研究自己的作品時無意中在某篇文章中讀到的。更奇怪的是，我發現另外兩篇文章，都以魔鬼氈為比喻，提出對商業截然不同（但同樣有意思）的觀點。

　　這一切的美好偶然力更加深我對大自然能帶來絕妙點子的信念。下次遇到棘手的情況時，不妨試試像喬治一樣思考。

召喚幸運

慣例說：專注在手上的工作。

幸運說：到戶外去走走吧。

問問自己：你的品牌能向大自然學到什麼？

幸運的一躍

你能從最喜愛的運動員身上
學到什麼？

阿封索・巴拉尼（Alfonso Barani）是一個神祕的人物。除了他是一名十九世紀晚期的義大利雜技藝人之外，我們對他知之甚少。連他的名字也不是十分確定，在少數留存下來的資料中，他的名字有時候被寫成巴洛尼（Baroni）。不過他因為發明了一項極度困難的動作，名字便在體操術語中流傳下來，那就是巴拉尼翻跳（Barani Flip）。

巴拉尼翻跳是前空翻加上180度轉身，因此跳躍者落地時會面向起跳時的反方向。現在這個動作已經進入滑雪板和彈跳床等領域，但是阿封索當初發明的時候，他只用了核心的力量。想像一下那有多困難：從站姿開始讓身體空翻，不僅要雙腳落地，還要在半空中完成半圈旋轉。

示範這項技巧的YouTube影片總是會附上一長串免責聲明，這些影片顯然是拍給能夠徹底控制身體的頂尖運動員看的。更有意思的是，像我這樣我四肢生鏽嘎吱作響的中年策略家，這些影片竟然曾幫上忙呢，而且還是跟運動最沒關係的簡報：Pot Noodle。

Pot Noodle是英國的鹹味零食市場領導品牌，隸屬聯合利華（Unilever）旗下，在該集團的全球商品中有點特殊，因為Pot Noodle只在英國銷售。這是學生族群的最愛，因為烹調方式實在太簡單了——只要在裝滿脫水食材的杯中倒入熱水，就有美味（但不

太營養）的一餐。該品牌有一支歷史悠久且趣味橫生的知名廣告。不過當2014年我們接到委託為其打廣告時，銷量已經下滑了。

從表面上來看，銷量下滑單純是因為這塊市場的競爭對手比過去多了很多。Pot Noodle在1970年代推出時，其實是獨占這塊市場，但是現在有各式各樣新的競爭者。一如許多市場先驅，Pot Noodle開始顯得有點過時無聊了。因此聯合利華的團隊請我們將品牌年輕化。

為了達到目標，他們建議我們利用現代文化洞見：一種世界變得太複雜，因此我們需要單純的感覺。為了證明這一點，他們以如今訂購咖啡、看電視或運動等數量多到令人頭暈的方式為例子。將Pot Noodle定位成這股現象的解方，似乎是迎接挑戰的有趣當代手法，因此我們利用這個前提發想了大量創意點子，然後派出我們的頂尖策略家去做研究。洛茲・霍納（Loz Horner）是本書中許多廣告的幕後策劃者（僅列舉Amazon、Yorkshire Tea和Taylors Coffee），所以我很期待聽聞另一個成功的好消息。

結果傳來壞消息：洛茲回來說，這些點子都失敗了。首先，他說和他聊過的年輕人都不覺得世界太複雜。事實上他們還說「這是我爸會說的話」。真是不妙。更糟的是，他們討厭這暗指他們在尋找生活中的輕鬆選項。

這倒是很新鮮，因為「懶人文化」一直是該品牌過去成功的核心。Pot Noodle最知名的廣告口號就是「最廢零食」（The slag of all snacks），還有最新的「何苦？」（Why try harder?）

世世代代的學生都因為窩在沙發上耍廢的懶人笑話而大笑不止。但是現在較上進的青少年會因為這種毫不遮掩的懶惰而感到掃興。距離比稿只剩不到兩週，我們沒有簡報，沒有洞見，沒有點子，而且（我們很怕）沒有勝算。

現在我可以有點不好意思地說，當時我有點分心了。

我記得自己在google搜尋了「turnarounds」（轉機），然後一頭栽入偉大運動東山再起例子的未知領域。我讀了利物浦隊如何在3

比0的落後情況下奪得2005年的歐洲冠軍盃（Champion League）；儘管有長達86年的必敗詛咒，波士頓紅襪隊依舊贏得2004年的世界大賽；還有拉瑟・維倫（Lasse Virén），即使在1萬公尺長跑途中跌倒，仍摘下1972年的奧運金牌。這些都太令人入迷了，但說到底一點用也沒有。不過最後這些連結從意外的獲勝，峰迴路轉來到身體的扭轉翻滾時，我發現了布拉尼。當我的注意力回到工作上時，布拉尼也反過來打開我腦內的某個開關。

這個特殊的體操動作之所以幫助我們在策略上大躍進，是因為它是以運用自身的核心力量（就是字面上的意思）為主。這一直是Pot Noodle令我們困擾的一點。

我們的研究表示，該品牌的核心力量（簡單）可能會讓如今18到24歲的年輕人反感。最明顯的答案就是拋棄這點，做些完全不一樣的事。不過要是採用同一種屬性，但把它倒過來呢？也許我們可以翻轉Pot Noodle的簡單，讓它能夠吸引今日積極上進的人，而不是過去的懶人？

洛茲和我寫了一份新簡報，把重點放在「Pot Noodle幫你節省烹飪時間，如此你就能在人生中獲勝。想想挑燈夜戰的祖克柏（Zuckerberg），或是錄音室裡的愛黛兒（Adele），而不是某個癱在沙發上的魯蛇。」

我們用這項策略，以及本人親自上陣示範糟到不行的巴拉尼翻跳贏得比稿。然後我的創意夥伴丹尼加上一句超讚的句子「你會成功」（You can make it），這點不僅忠於產品本身（只要四分鐘就能完成），也符合我們的策略（你會在人生中成功）。

其他許多人也加入了非常有趣的廣告，包括公關噱頭、社群貼文和宣傳。還有一位名叫帕翠西亞・柯爾西（Patricia Corsi）的行銷長精心安排一切，由於整體實在太出色，銷售額首度衝破1億英鎊大關。

「成功」需要龐大的團隊心力。但是我永遠不會忘記某位義大利雜技藝人是我們最可貴的運動員，他已經超過100歲了呢。

召喚幸運

慣例說：比賽很無聊，會讓人分心。

幸運說：競技運動是商業的絕佳比喻。

問問自己：你能從最喜愛的運動員身上學到什麼？

幸運的繪畫

如何運用藝術激發新鮮的
商業點子？

1917年1月31日，德國宣布其U型潛艇將會進行無限制潛艇戰。過去，如果要攻擊民船，軍官應該要遵循一套出人意表的卓越騎士精神準則指揮：必須要浮出水面，搜索敵方船隻，將船員安置在安全的地方後才擊沉船隻。

但實際上，從第一次世界大戰的頭幾個月以來，根本沒有人遵守這些規則。最惡名昭彰的當屬U型潛艇無視規定，在1915年5月擊沉了英國皇家郵輪盧西塔尼亞號（RMS Lusitania），造成1198人喪生。此舉引起世界公憤，並影響了美國加入英國的行列參與一戰的決定，但是美國直到1917年4月才採取行動。

因此德國在1917年1月的聲明，其實是深思熟慮的賭注：他們猜想，要是盡快派出U型潛艇，或許就可以在美國完全動員之前讓英國斷糧。一開始，這個計畫似乎奏效了。受到鼓舞的潛艇頭三個月在戰場上擊沉了186萬噸的船隻。猛烈攻勢使得英國只剩下六星期的存糧。由於英國的最高指揮中心難以提出對策，英國政府陷入了恐慌。

U型潛艇不僅是相對新型的敵人，這種形式的戰爭也是前所未見。海軍高層、政治人物和公務員都找不到答案，不過一位名叫諾曼・韋金森（Norman Wilkinson）的海洋畫家卻冒出一個異想天開的解決方案，既有效又精彩。

韋金森於1878年生於劍橋，他在戰前就已經在英格蘭南部海岸以海洋風景畫而出名。戰爭爆發後，他被分發到海軍後備隊擔任潛艇巡邏。

韋金森和其他人一樣，絞盡腦汁試圖找出可以對抗U型潛艇的辦法。不同於其他較傳統的海軍觀點，韋金森同時以藝術家和水手的觀點處理這個挑戰。他不禁思考迷彩設計是否能發揮作用。

當時，英國海軍之前已經試過迷彩偽裝，但發現毫無幫助。海軍部的專家指出，海上的變因太多了：一天當中的不同時間、天候條件和光線變化都會影響色彩。此外，民船的龐大尺寸與煙囪冒出的濃煙，要藏住它們根本不可能。

說穿了，在海上要藏起一艘長達700英尺的船，遠比在陸地上隱藏一名士兵或一輛坦克要困難太多。

韋金森同意這點，但他提出一個橫向思考，一個唯有帶著充滿好奇心的腦袋才可能提出的點子。他結合自己的藝術背景和軍事知識，認同確實無法藏起一艘船，但繼續說道：「要讓船變得難以命中，而不是難以被看見」。

這乍聽一定很矛盾：迷彩的重點不就是讓物體難以被發現嗎？如果不以某種方式把船藏起來，要怎麼讓船難以被命中？民船被擊沉的速度快得驚人，所以能夠拯救它們的方法——至少是唯一使用繪畫的方法——是讓船隻變得比較不顯眼？

結果，實際上並不是所有的迷彩都是為了讓船隻隱形而設計。韋金森身為畫家，他很清楚某些圖樣就是會讓人眼花（畢卡索後來宣稱他的立體派手法靈感就是由此而來）。

韋金森在海軍待了幾年後，已經發現U型潛艇的限制。說真的，即使這些潛艇的殺傷力極強，還是需要時間和精神才能擊中目標。對潛艇船員而言，要發現船隻並不是什麼難事：只要看一眼潛望鏡就能計算出受害者的距離和行進方向。韋金森推斷，如果英國船隻能夠讓U型潛艇眼花，就能大大提高逃脫的機會。

　　雖然海軍花了一些時間才搞懂計畫，他們最後還是支持韋金森的大膽計劃。超過4000艘船隻塗上對比強烈的色彩，排列成大膽的幾何圖案。與預期的相反，這麼做反而令船隻更容易被看見，但是也極難猜測船身有多大、有多遠，甚至搞不清楚它們的前進方向。

　　每一種設計都不同，韋金森找來其他畫家、雕塑家和劇場設計師集思廣益。成果是一支極度顯眼的花俏艦隊，但也受到獨特的保護。運用在如此精彩絕妙的點子上的這種技巧，被名副其實地稱為眩彩繪畫（dazzle painting）。

　　我非常喜歡這個故事，因為它代表了用來自截然不同領域的靈感，對挑戰進行傑出的重新架構。尤其是它提醒了我們，藝術就是包山包海的調色盤，值得我們借鏡。就韋金森的狀況而言，他確實這麼做。不過品牌擁有者也能運用藝術中的最根本的概念，讓創意源源不絕。

　　例如，點描派（pointillism）可以讓你想到大眾參與（所有的小點點加在一起就成為更大的畫面）。或是精彩的貝寧銅器（Benin Bronze），也許能讓你想到高價化（premiumisation）策略。達達主義（Dadaism）可能讓你想到衝擊戰術，普普藝術（Pop Art）或許能鼓勵你更明顯地商業化，而芙烈達‧卡蘿（Frida Kahlo）可能會激發出某些奇妙的點子。至於愛德華‧孟克（Edvard Munch）的〈吶喊〉（Scream），我絕不相信任何人看了這幅畫卻想不出和自家企業的任何一丁點關聯！

　　太多時候我們就像那些海軍高層，想要以傳統方式應對前所未見的挑戰。只要睜大雙眼，採納其他觀點，就能得到更多有趣的問題和答案。

　　高超的行銷就是一門藝術。如果你發現自己畫地自限，有時候最好的方式，就是自己畫出一條路。

召喚幸運

慣例說：行銷是科學，不是藝術。

幸運說：到藝廊逛逛絕對比呆坐辦公桌前帶來更多靈感。

問問自己：如何運用藝術激發新鮮的商業點子？

幸運的狗狗

什麼樣的衝突能讓你的故事
對其他人顯得有趣？

近年來，行銷人員越來越流行形容自己是「說故事的人」。老實說，我不是很喜歡。我的意思是，如果你叫做漢斯・克里斯欽・安徒生（Hans Christian Andersen），那大可以在LinkedIn檔案的職務敘述放上這個頭銜。但我們不是安徒生，因此在告訴世人我們的工作是編織故事之前，可能應該先好好了解一下，什麼叫做出色的故事。

我們尤其可以從約翰・勒卡雷（John le Carré）充滿智慧的話語中了解這點，他說：「『貓臥在坐墊上』不是故事，不過『貓臥在狗的坐墊上』就是一篇故事的開端了。」

衝突永遠是精彩故事的核心。成功的作者會鼓勵新進寫作者在故事初期就建立衝突，也許甚至開場白就是。接著他們會建議劇情應該要增加更多衝突，難題一個接一個，直到主角的處境變得難以想像。他們警告說，要是沒有這些危難，讀者或觀者就不會在乎解答。

然而，大部分的廣告都會避免衝突。角色和背景設定通常都很友善，深怕它們為品牌招來非議。彷彿變魔術似地，美好的事物都會發生在主角身上。廣告中沒有出現困難的主題，也不允許負面消極的事物。然後我們百思不得其解，為什麼大眾沒興趣。

現在，我當然不是要建議把《半夜鬼上床》的佛萊迪或《奪魂鋸》的拼圖殺人魔加入早餐玉米片的廣告，儘管《麥片殺手》（*Cereal Killers*）倒是非常值得一看。不過我們應該要常常自問，為什麼有人

關心我們的故事。最重要的是，我認為好好思考專家說的各種類型的衝突，有助於打造出最精彩的敘事。

首先是「角色與自我衝突」(character vs self)。一些最傑出的小說和電影就是圍繞著這種內在衝突。廣告中通常會避免這種混亂，怕會顯得缺乏信心。不過，有時候承認自我懷疑也可以用來提升移情作用和力道。

例如，2018年我們為Under Armour製作宣傳廣告，主角是重量級拳擊手安東尼・約書亞(Anthony Joshua)。當時「巨獸」約書亞持有WBA、IBF和IBO的金牌頭銜，正打算奪下WBO的腰帶。要讚頌他那不容置疑的實力一定很容易，但那就沒有什麼好多敘述的。我們反其道而行，展現他和心魔對打的一面。這就比較出人意表了。他的旁白說：「最激烈的對戰就在你的腦海中，因為有光的地方就會有陰影。」

然後是「角色對抗角色」(character vs character)，在行銷中很常見。想想可口可樂對抗百事、Mac對抗PC、麥當勞對抗漢堡王。但是要做得好並不簡單，可能會顯得肚量很小，而且一不小心就會使競爭對手變成焦點。同樣地，此處的訣竅也是製造衝突，引起更多受眾的興趣，而不只是原本的支持者。

例如，幾年前我們收到中國手機製造商一加科技(OnePlus)的要求，請我們直接與三星競品做比較。這原本可能會無聊的要命，但是我們找來是自認「白痴」的人來測試智慧型手機，同時受到喪屍、狗和飛天仙人掌的攻擊。

再來是「角色對抗自然」(character vs nature)。有鑒於消費主義和環境之間的潛在衝突，這項在藝術中原本就很有效的手段，在商業中也越來越重要。

我的創意夥伴丹尼在這個主題上就提出一個很棒的點子：綠色聖誕老人。他的目標就是教育孩童關於全球暖化一事。

難就難在要如何讓孩子關注。這個嘛，要是冰冠融化了，聖誕老人的雪橇就無法起飛啦。因此丹尼創作了一個多媒體故事敘述

這一點，一開始放在網路上，後來成為BAFTA（英國影藝學院電視獎）提名的電視影集。為什麼這個點子會像魯道夫一樣飛上天呢？因為故事的核心是險境。

「角色對抗社會」（character vs society）在現今的行銷中也很常見。許多品牌都在處理重大社會議題，以展現他們的「使命感」。我將在第四單元討論這個做法的優缺點，不過現在要簡單提醒一下。務必確保你的品牌要說的故事夠強大，並且敘事方式也不會流於陳腔濫調，否則就不會產生真正的衝突——你就只是在對人人都同意的議題說些空洞的話。

最後是「角色對抗科技」（character vs technology）。人與機器之間的關係是當代最重要的議題之一，不過你要如何以人性化的方式講述有趣的故事？

我的團隊在2018年的超級盃前夕就在苦思這個問題，當時我們正在製作一份宣傳亞馬遜聲控科技產品Alexa的簡報。這項產品面對來自Google和蘋果的激烈競爭。不過Alexa擁有人類名字卻是一項優勢，她已經比其他產品更像家中的一員。我們想要將這點用有趣的方式呈現，畢竟民眾在觀看超級盃期間，看到的廣告幾乎和比賽一樣多。

我們不想誇耀Alexa有多棒，或是拿其他競品和亞馬遜的科技做比較，但我們確實想將她定位成當代生活中不可或缺的一部分。因此，當丹尼拿出一張來自一部老電影的圖片時，我們感到很驚訝。那部片就是《小美人魚》（The Little Mermaid）。沒錯，就是由我們的好朋友安徒生創作的不朽美人魚，在1989年被迪士尼改編為動畫電影。就是那位失去了聲音，後來重新找回的美人魚。

原來丹尼一直和我們的營運總監尼克・阿普頓（Nik Upton）聊天，他說：「想像一下，要是Alexa失去聲音會發生什麼事！」這點子太瘋狂了，但是丹尼並不覺得這想法很蠢，亞馬遜的團隊也不覺得。

事實上，亞馬遜的全球創意副總裁賽門・莫瑞斯（Simon Morris）對這個概念非常有興趣。接下來的幾個月，丹尼和賽門與一個龐大團隊合作，把這個單純的點子變成精彩的故事。

首先，他們和亞馬遜的工程師合作，確保只要有人問Alexa誰會贏得超級盃時，她就會咳嗽。這個「彩蛋」是在超級盃前一週前啟用，超過100萬人和Alexa互動。人人都在社群媒體上說，出事了。

接著，網路上釋出一支預告短片，主演的不是別人，正是傑夫・貝佐斯。這位亞馬遜創辦人大驚失色地問團隊：「Alexa失聲了？這怎麼可能？」團隊說，別擔心，他們有一個計畫，而且一定有效，但是他們臉上的表情卻不是這麼一回事，這帶來更多戲劇張力了。

現在距離超級盃只剩沒幾天。突然間許多名人開始在自己的社群媒體上發文告訴粉絲，他們收到亞馬遜寄來的奇怪麥克風耳機。Cardi B、安東尼・霍普金斯（Anthony Hopkins）、戈登・拉姆齊（Gordon Ramsey）和瑞貝爾・威爾森（Rebel Wilson）都是這波開箱耳機的名人之一。但大家依舊不清楚發生了什麼事。

終於到了比賽當天，所有的片段兜在一起，一支90秒的影片重新描述Alexa咳嗽、貝佐斯的擔憂，接著我們看到名人們替Alexa代打上場，然後是一連串趣味橫生的災難。很明顯，即使名人是出於好意，也完全比不上Alexa。幸好Alexa及時康復，解救了危機，然後音樂響起，歌名是：

〈你最完美〉（Nobody does it better）。

我想這個故事一定可以通過勒卡雷的考驗，美國民眾似乎確實如此認為。他們票選這支廣告為最喜愛的超級盃廣告（這是唯一一次由英國廣告公司獲得此殊榮）。此外，根據YouTube的資料，超過5000萬人在網路上觀看這支廣告，使其成為該年度觀看次數最高的廣告。

所以你當然可以自稱為說故事的人。但是首先，放下這本書，拿起一本精彩的小說吧。去看一部你最喜歡的電影，或是看一場舞台劇。然後再回到你的品牌故事，畢竟它必須和所有其他的內容競爭才能被聽見。現在，對自己狠心一點，像編輯對作者那樣。你的敘事中只有坐墊上的貓嗎？如果是這樣，去為自己找一隻狗吧。

召喚幸運

慣例說：行銷是要說偉大正向的故事。

幸運說：有驚險，故事才精彩。

問問自己：什麼樣的衝突能讓你的故事對其他人

顯得有趣？

幸運的數字

數學家會如何運用定價和地點，在你的產業類別中改寫數字？

瓊恩·R·金瑟（Joan R. Ginther）是世界上最幸運的女人。

她曾經四次贏得德州樂透的大獎。她的中獎從1993年開始，贏得540萬美元的樂透獎金。然後在2006年的假期彩券（Holiday Millionaire）刮中200萬美元。兩年後又從百萬彩券（Millions and Millions）贏得300萬美元。最後是2010年，她再度贏得1000萬美元，中獎總金額達到2040萬美元。

她連贏彩券的機率是1/18佑（yotta，1024），也就是18後面有二十四個0，這個單位代表的數量比地球上的沙子還要多。那麼，她到底是怎麼辦到的？

這個嘛，也許她在史丹佛大學取得的統計學博士學位幫了她一把。這有點像麻省理工學院的數學系學生，2012年時，他們利用麻州樂透的漏洞贏得800萬美元。或是像默罕·斯底發斯塔發（Mohan Srivastava，統計學家，也是史丹佛和麻省理工學院的校友），2011年時破解一張加拿大的樂透。但是不同於其他人，金瑟從未解釋她成功的祕密，因此我們不得不猜測她的手法。

不用說也知道，那些可能的中獎機制都極端複雜。不過其他專家最常提到的兩大因素主要是價格和分銷。前者很重要，因為金瑟似乎偏愛相對便宜的刮刮樂，並在獎金特別高的時候購入大量

彩券提高中大獎的機率。據估計,她購買彩券的金額超過300萬美元,但會集中在她計算出倍率最有利的時候。

第二個因素發揮了作用,因為金瑟似乎已經摸透中獎的彩券是如何發送至全德州。因此她到買氣低落的偏僻地方集中購買彩券。一如另一名數學家暨倫敦帝國大學的榮譽教授大衛·漢德(David Hand)所說:「彷彿她已經破解樂透公司分配彩券的演算法似的。」我確定絕對不只如此。但是就我們的目的來說,我認為這兩點相當耐人尋味。

首先,數學家有時會發現其他人忽略的大好機會。再者,他們常常會把心思放在一般人比較不感興趣的部分以達成目的。例如1960年代開始,所有行銷人員都被教成要相信4P的重要性,也就是Product(產品)、Price(價格)、Place(地點)、Promotion(推廣)。不過近年來,中間兩者(也就是金瑟成功抓住的重點)反而越來越被忽視。

根據2017年的一份調查,定價在公司內部甚至不是行銷人員的首要責任,而且將近一半的行銷人員對這種狀況相當滿意。想也知道因為比起光鮮亮麗的廣告或開發新產品,這顯得乏味複雜多了。

但是想想現在想像力夠充分的行銷人員能夠運用的各種選項。從動態定價到訂閱制,從團購到拍賣,從免費增值模式到P2P平台——如今在定價中可以發揮的創意簡直前所未見。

配銷也是類似的情況。我們的朋友拜倫·夏普教授引用大量證據顯示,提高購買便利性對品牌成長而言至關重要。某種程度上,這就只是將可口可樂的舊使命「垂手可得的渴望」(within an arm's reach of desire)重新聲明。但是現在,就和定價一樣,要達成這個目標有了更多的創意選項——從快閃店到D2C(direct-to-consumer,直接面對消費者),從聚合平台到市集,從社群商務到聲控科技。同樣地,這些都能用來推動品牌,速度比任何宣傳廣告更快。

拼多多是一家目前成長驚人的電商,主要歸功於價格和地點的顛覆性策略。拼多多在2015年才推出,但是到2020年第三季時已有

6.43億名用戶。那年該公司成為中國價值第二高的線上零售商,販售從食品雜貨到家電等五花八門的產品。

拼多多成功的第一個因素是團購功能,也就是團隊購買(team purchasing)。其運作方式是在用戶查看產品時提供兩種定價選項。第一種是標準售價,另一種則是兩名購物者或以上人數聯手時可解鎖的折扣價。團隊越大,折扣也越大。

可以想像這點鼓勵數百萬人與親朋好友分享購入的商品,並鼓吹他們加入平台。由於廣受歡迎,大多數的中國線上零售業者現在也紛紛效仿。但是拼多多有一個內在優勢,它不僅是先驅,名字也代表「拼得多,省得多」。

拼多多成長勢不可擋的第二個因素是結合微信。微信是中國最普及的訊息應用程式,用戶超過10億人,受到騰訊支持,而騰訊也投資了拼多多。相較於主要競爭者阿里巴巴,這個品牌帶來極大優勢。顧客可以直接在微信上付款,而阿里巴巴則需要經過支付寶的額外步驟。這種無阻力介面使拼多多得以深入中國農村,爭取到不太擅長使用科技的用戶。

必須指出的是,即使營收成長與市場市值驚人,拼多多卻才慢慢開始獲利。然而,透過重新思考定價和地點的計算,它在全球最大的零售市場中展現出高度顛覆的影響力。

換句話說,這些6.43億用戶意味著拼多多擁有大量樂透彩券。卻只有極少數人像金瑟(可惜現在已經搬到拉斯維加斯)一樣願意賭一把。

召喚幸運

慣例說：行銷就是產品和推廣。

幸運說：定價和地點可能會是更好的選擇。

問問自己：數學家會如何定價和地點，在你的產業在類

別中改寫數字。

幸運的精神科醫師

如果你的品牌坐在診間的沙發上，心理學家會說什麼？

　　我的太太是一名臨床心理醫師。每當我和人說起這件事時，他們通常會開玩笑說，我一定讓她很忙。我不得不承認，真實情況有過之而無不及，但是撇開玩笑，我倆的工作不同，這的確對我很有幫助。我確實偶爾會借她的雜誌和期刊，因為內容常有對人類心理學的精彩洞見，而且也能應用在我的專業領域中。多年前，我正在為稅務局（Inland Revenue，現為 HM Revenues and Customs）製作簡報時，心理學就派上了用場。

　　這個案子進來的時候，我實在沒辦法假裝開心地歡呼，畢竟稅務是世界上最枯燥乏味的主題，而簡報又相當複雜。首先，這個案子的重點在於讓更多納稅人於每年1月31日前填交報稅表。此外，當時也正在推動線上填表申報。

　　如你所料，還有許許多多其他繁瑣細節要溝通，像是日期、罰則、服務專線和網址。稅務局可能是全英國最不受歡迎的政府機關一事真是一點幫助也沒有。班傑明·富蘭克林有句名言：「在這個世界上絕對逃不掉兩件事，那就是死亡和稅務」，不過他沒有說的是，比起報稅，我們有時候還寧願一死了之。

　　根據歷史，稅務局曾經以超乎你我想像的熱忱處理這些申報單。事實上，他們最有名的廣告，就是一個名叫「稅務稽查員嚇克特」（Hector the Inspector）的卡通小官員，他身穿細條紋西

裝，頭戴圓頂帽，看起來就像1950年代走出來的人，而且簡直就是在威嚇人們繳交申報單。

最近嚇克特被熱門電視影集《泰德神父》（Father Ted）中的角色取代了，不過根本手法還是很相似，那就是劇中神父的管家「朵爾太太」（Mrs. Doyle），總是催著人們「快去、快去、快去」或「快去、快去、快去上網」。

一般的看法認為，這是讓人為他們不喜歡的機構辦理他們不想做的事情的唯一方法。只不過人們越來越不配合，而且在每一個百分點都價值約3億英鎊時，這就是大問題了。

我在苦思這個難題的時候，正好在太太的心理學期刊中看到一篇文章，主題是關於拖延，我記得當時還對她開玩笑說，真意外作者竟然寫完了。她回說我根本沒資格講，因為我在該寫簡報的時候翻雜誌。還真狠啊。不過當我讀完這篇文章後，我發現其中的學術觀點恰好可以應用在我的任務上。

開頭的段落尤其令我眼睛一亮，作者認為，叫慣性拖延者「動起來」的意思就跟叫憂鬱的人「開心一點」一樣。事實證明，有一個新興工作體系（雖然聽起來不像真的）就是和拖延有關。隨著我讀下去，我也對國稅局的簡報越來越有興趣。

突然間我發現自己不是在處理無聊的填表單工作，而是在與深植人性中的某些怪癖纏鬥。我們該如何應對權威？我們如何在壓力下表現？我們的動力是胡蘿蔔還是棍子？如果我覺得這點很吸引人，也許消費者也是如此呢。

我們以這番新的洞見為基礎，開發出全新的報稅評估模式，可以用一句話簡單說明：

「報稅其實不用這麼難。」（Tax doesn't have to be taxing.）

我們並不是三催四請地叫民眾趕快申報，而是協助他們報稅。最關鍵的是，我們不會假裝報稅很好玩，不過人們只要跟著簡單的步驟，就能讓自己更輕鬆。

　　為了在廣告中生動呈現這一點，我們請來一位受歡迎的電視學者來解釋人們做日常瑣事的心理學。他尤其鼓勵人們盡快完成申報單，如此就能繼續做真正喜歡的事情了。

　　這不太像報稅廣告，反而更像是家長哄孩子說，做完作業就可以出去玩。「報稅其實不用這麼難」持續用了大約十年，光是頭三年就為英國政府省下1.85億英鎊。

　　當時我並沒有意識到，不過這支廣告其實是一個大趨勢的早期例子，也就是將學術心理學應用在行銷上。廣告推出的同一年（2002），一位名叫丹尼爾·卡恩曼（Daniel Kahneman）的心理學家贏得經濟學的諾貝爾獎——儘管他根本沒有修過任何一堂經濟學課程。

　　2008年，理查·賽勒（Richard Thaler）和凱斯·桑斯汀（Cass Sunstein）的暢銷著作《推力》（*Nudge*）激發了策略家的想像力。今日，品牌策略規劃師在工作中運用行為經濟學幾乎司空見慣。

　　我想說的是，策略師不該將這些新理論視為簡單的答案。許多原則其實彼此矛盾，也有一些原則是立基於無法自然套用在我們的領域的實驗。把這些想法當成靈感來源更有幫助，而非十拿九穩的成功法則。

　　一如所有的心理治療師都知道的，關鍵就在於問對問題，並觀察對話的方向。挖掘得越深，就越可能找到真正有意思的東西。

召喚幸運

慣例說：心理學家是幫人解決問題的

幸運說：他們也可以突顯品牌的機會。

問問自己：如果你的品牌坐在診間的沙發上，

心理學家會說什麼？

幸運的蛋糕
你可以從截然不同的產業學到什麼？

坎蒂絲・尼爾森（Candace Nelson）半夜睡不著，緊抓著懷孕的肚皮。她好想吃甜食，但是現在沒有任何店還開著可以解決她的需求。幸運的是，她是Sprinkles連鎖烘焙的創辦人，因此她並沒有翻身繼續睡，而是想出辦法解決。

最後，她終於想到一個點子：全世界第一個杯子蛋糕ATM。

《財富》（*Fortune*）雜誌認為「這不是非常令人驚艷的『天才商業創意』」。我的意思是，烘焙坊究竟能從銀行身上學到什麼？可是杯子蛋糕ATM獲得大獲成功。2012年第一個ATM推出，如今全美國已經有數十台了。每台機器最多可容納800個杯子蛋糕，每個售價4美元。總而言之，這些ATM每年進帳數百萬美元，而且幾乎都是增量業務，也就是Sprinkles平常不會吸引的客群。

杯子蛋糕ATM就是從完全不同的領域汲取想法的典範。製造業中很常這麼做，事實證明，這種做法可以產生更全面的解決之道。舉例來說，在《哈佛商業評論》發表的一篇論文中，描述一項實驗請來數百名屋頂工人、木匠與直排輪玩家參與，發想護具的點子。比起自己的領域，每個小組顯然在思考其他領域時更擅長提出創新想法。

然而，跨領域交流在行銷圈子卻明顯不受歡迎。這可能是因為我們的產業很迷戀「原創性」。或者，這可能牽涉到每個領域根深柢固的觀點，也就是不應該打破「行規」。

行銷業界的流程也毫無幫助。例如，追蹤研究提供的市場觀點非常狹隘；競爭性評論也只包含直接競爭者；招募人才則是按照部門進行。無論哪一方面，我們似乎都不願意引入其他類型的想法，除非近在咫尺。這真的很可惜，改變我們的思維應該要比改造工廠容易才對，或者是改造啤酒釀造廠。

位於格拉斯哥（Glasgow）最東邊的威爾帕克（Wellpark）從1885年起就是Tennent's Lager的家鄉，不過這個地方從1556年以來就開始釀造啤酒。Tennent's比距離最近的直接競爭對手要大很多倍。事實上，該品牌在蘇格蘭的飲品市佔率之大，銷售量甚至超越所有牛奶或飲用水品牌。英國的每一條街道和每一個足球場幾乎都亮著品牌的紅色T字母。簡單來說，Tennent's支配蘇格蘭文化的地位遠超過其他品牌。

不過，遙遙領先卻有一個問題，就是領先的距離只會縮短。

這正是2016年發生在Tennent's的狀況。從外國進口品牌到當地精釀啤酒，無數較小型的競爭者都在蠶食（也許是鯨吞）該品牌的銷量。品牌擁有者C&C集團意識到自己有點太自滿了，這是多年來他們第一次需要廣告。於是他們聘用了一名以能立即見效聞名的新行銷長，然後他打電話給我們。

我們曾多次和蓋文‧湯普森（Gav Thompson）合作，非常喜歡他的行動派個性。他是一個很不尋常的人物，支持出色的作品，而且很清楚該如何把事情做好。我們現在和他一起為Tennent's努力（身為蘇格蘭人，Tennent's陪著我長大，而且讓我感覺很溫暖）一事簡直是夢幻組合。

那麼為何一開始會如此困難重重？

回顧當時，我想我們一開始就太狹隘了，只專注在同一個產品區塊。我們舉辦品飲活動，讓大家比較Tennent's和其他競爭品牌。活動有點令人沮喪，因為新起家的競爭者當然看起來比我們熟悉的老牌子要搶眼有趣多了。我們還做了商業參訪（就我所知，這是格拉斯哥對串酒吧的絕妙委婉說法）。這也同樣讓人心慌：Tennent's固然無所不在，但是新品牌有時候在酒吧的存在感更強

烈。當然，我們也舉辦了拉格愛好者的焦點小組，詢問他們的喜好。他們似乎仍對Tennent's有很深的感情，但同時直言不諱地提到他們也追求更講究的風味。

所有這些行動都非常合理，但是卻不太自然。在真實生活中，人們並不會把啤酒一列排開進行品飲測試，也不會在酒吧裡比較各種啤酒，更不會花好幾個小時討論啤酒：大家只會顧著喝酒啊！最後，我們白費好幾個星期試圖解決威脅，結果卻放大了威脅。而且所有關於取笑外國進口啤酒或是文青跟風精釀啤酒的點子都顯得氣量狹小，而且防備心很強。

直到踏出同類商品，試圖捕捉這個品牌在蘇格蘭生活中所扮演的精彩角色時，我們才終於回到正軌。

正當我們在釀酒廠中閒逛時，改變策略的念頭浮現腦中。參觀釀酒廠是另一個立意良善的行動，讓我們能夠關注內部。當我抬頭望向巨大的桶子時，水、麥芽、啤酒花和酵母就在其中發酵，我看見更大的東西。那些巨大的圓柱體和周圍滿滿的管線，與其說是釀酒廠，整體更像發電廠。

我想到關於Tennent's銷量超越牛奶和水的事情，也回想起這個品牌如何把蘇格蘭足球隊經營得有聲有色，並點亮所有街道。然後我想到：「Tennent's不只是啤酒，更像公共事業，為國家提供動力。我們必須把它定位成政府部門或是國家服務。」最後簡報提出一個雄偉宏大的點子：

「在此為您效力。」（Here to serve.）

我們很喜歡這個點子的浮誇感，而且蓋文也喜歡。這像是國家航空或軍隊才會用的標語，而不是拉格啤酒。

以這點來想，品牌的作用更像公家機關。Tennent's在蘇格蘭對英格蘭的足球賽中設置了換匯處，讓英格蘭球迷可以把他們的紙鈔換成蘇格蘭英鎊（Tennent's啤酒1品脫售價3.5蘇格蘭英鎊或7英鎊）；萬聖節時安排陰氣逼人的公車，載客到一間間酒吧；

Tennent's 甚至在彩券行外張貼海報,明目張膽地宣傳你可以在這裡偷「免費的筆」。

如果糕點烘焙師可以變成銀行家,啤酒釀酒師可以變成公務人員,那麼哪個行業可以給你靈感呢?

召喚幸運

慣例說:你的產業類別是最獨特的,你的想法一定要具有原創性。

幸運說:借用其他產業的點子可以帶來更全面的解決之道。

問問自己:你可以從截然不同的產業學到什麼?

幸運的異類
來自其他文化或背景的人會如何思考你的難題？

想像一個遙遠的星球，和地球截然不同但生機盎然。想想星球上可能會存在的動物，現在把牠畫出來。

根據德州農工大學（Texas A&M University）研究人員的說法，你畫出來的生物很可能與地球上已經存在的生物沒有太大差異。在一連串的實驗中，他們發現大部分受試者都會畫上至少一種普通感覺器官（99%）、一種普通肢體（97%），以及兩側對稱的特性（91%）。不僅如此，受試者似乎還會以最容易想到的地球動物為原型創作生物。被問到這點時，他們說貓和狗是主要的靈感來源。

要求受試者為這顆星球設計工具時，也出現同樣的模式。即使強調這些外星人沒有手臂也沒有腿，人們還是會畫出各式各樣的錘子、螺絲起子、扳手和鋸子。

請另一組受試者畫出外星水果的時候狀況也一樣。即使鼓勵他們盡量天馬行空，不要侷限在模仿地球水果時，他們還是會畫出神似柳橙、蘋果、香蕉和草莓的東西。

用研究人員的行話來說，這些實驗表明，涉及概念擴展時，我們的想像力變得極有條理，可使用性發揮重要作用。換句話說，當我們努力想要提出新想法的時候，就會不知不覺將想法建立在既有的概念上，尤其是最容易想到的事物。

　　進一步的研究顯示，這種現象如何影響科幻小說作家與設計工程師——因此我們相當確定這點也適用於行銷人員。這解釋了何以大部分新產品的概念都是漸進的，以及為何創意團隊和廣告公司往往會提出與其他著名概念呼應的作品。不過最重要的是，這種動力也強調出組織內部多元化的必要。

　　多元、平等和包容被正確地（雖然遲了）視為現今公司的首要之務。當然會有道德爭議，除此之外，另一個顯而易見的原因是我們生活在日漸多元的社會中，如果企業無法代表這些客群，就不能指望顧客與企業產生連結。

　　但是德州農工大學的研究指出另一個當務之急：我們需要多樣性才能衝破創造力的界限，因為多樣性讓我們能汲取的影響和知識範圍更寬廣。簡單來說，如此可以讓我們打消設計火星錘子的念頭。

　　這點有助於解釋了為何獲得諾貝爾獎的美國人中有1/4是移民，而1/3的專利也屬於移民——但移民僅佔美國人口的1/8。或者為何BNT疫苗的開發者是擁有土耳其雙親的德國公民。

　　這不僅是因為移民更努力（雖然研究顯示他們確實如此），也是因為他們受到生命中更豐富的經驗而激發出更創新的想法。

　　這種現象也是擁有多元文化背景的人在創意性解決任務中表現更好的原因。或是何以從韓德爾、海明威、畢卡索到史特拉汶斯基（Stravinsky）等這麼多藝術家都是在異國完成最出色的作品。同理，這些也要歸功於有更多可汲取的影響。他們不會再畫同樣的貓和狗——他們的眼界已經打開，看見更多神奇生物的可能性。

　　「神經多樣」（例如有自閉症、閱讀障礙或協調困難）的人擁有相似的優勢。研究顯示，由於腦部的神經連結方式不同，這些人通常更擅長水平思考。

　　同樣的，肢體障礙人士往往也極富想像力，因為他們必須磨練解決問題的能力，才能克服社會對他們設置的所有障礙。

雖然大部分研究表示，LGBTQ+人士天生的創造力沒有勝過其他人，但是他們也能為團體帶來不同的觀點。

共同的主題就是，這些擁有較多元生活經驗的人有更廣博的參考點。借用珍奈・溫特森（Jeanette Winterson）的經典女同志成長故事書名，他們知道「柳橙不是唯一的水果」（Oranges are not the only fruit）。

總之，話題回到外星人上。

1974年，一間名叫BMP的廣告公司的創意團隊正在為新廣告發想一些外星生物。一如農工大學研究預測那般，他們以自身在地球的經驗為出發點。設計出來的角色即使有金屬外骨骼，看起來還是像青蛙或螞蟻。牠們也有許多人類特徵，最明顯的就是咧開大嘴的微笑和帶有感染力的笑聲。他們的雙手有如鉗子狀工具，而且對馬鈴薯有奇特的執迷。

從這方面來看，這些外星人就是人類根據既有的記憶結構思考的經典例子。但是這些外星人也是出色的廣告，展現新觀點的力量。

你會發現，這些特別的超級智慧生物是火星人，被設計來推廣Smash（Cadbury新推出的即食馬鈴薯泥產品）。BMP的傳奇創意總監約翰・偉伯斯特（John Webster）是在酒吧的一次靈光一閃開啟了這一切。他一邊喝啤酒一邊對團隊說：「這太瞎了！要是別的星球的人到地球，發現我們大費周章地削馬鈴薯皮，煮熟後壓成泥，但其實只要從袋子裡就可以變出馬鈴薯泥的話，他們一定會覺得我們的腦袋壞掉！」

這個觀點就是英國史上最受歡迎的廣告之一的靈感。

Smash火星人取笑地球人製作馬鈴薯泥的方式逗樂了整個英國上下。「他們根本是超級原始人！」他們嘎嘎笑不停，在太空船地板上打滾。銷售量一舉突破天際，請容我用雙關語。雖然「真正的食物」趨勢後來慢慢帶著該品牌回歸現實，這些外星人仍是英國流行文化中深受喜愛的一部分。

　　這些都強調了開拓視野與尋找新觀點的重要性。最棒的好消息是，我們不必跑到另一個星球去找外星人。只要踏出我們的保護泡泡，或者讓其他人進來以打破泡泡，這樣更好。

召喚幸運

慣例說：圈內的資訊才是最寶貴的洞察力。

幸運說：你可以走出泡泡，增加機會。

問問自己：來自其他文化或背景的人會如何思考你的難題？

幸運的胡蘿蔔

比你年幼或年長的人
會如何探討品牌面臨的挑戰？

你知道我有史以來效果最差的宣傳活動是什麼嗎？那就是試圖讓我的小孩吃蔬菜的活動。那是一場長期戰，成效極差，除了偶爾成功讓他們吃點花椰菜外。還好我只是要說服三個小孩，想像一下努力要說服整個國家的下一代的話！那就是我們四間姊妹公司之一（TBWA Belgium）在 2018 年面臨的挑戰。

簡報是做給比利時的頭號超市Delhaize。該品牌在品質方面的聲譽極佳，不過和現在所有的零售商一樣，也面臨廉價商店和線上食品店的壓力。廣告公司以簡潔有力的洞見贏得案子：「大家都希望吃得更健康，但卻是日常的難題」。當時的想法是，Delhaize可以幫助家庭達成這項任務，而競爭對手只是以廉價但毫無營養的熱量回擊。

在這個情況下，生鮮農產品便成為致勝的關鍵戰場。蔬果區象徵一間超市更充分的品質憑證。這也是出發點良善的經典例子：而我們只是努力不要辜負好意。如果Delhaize可以幫助比利時人吃得更健康，那在其他地方的成效一定更好。

問題就是那些麻煩的小鬼。

研究顯示，孩童不願意吃蔬菜不僅對身體有害（比利時孩童平均攝取的蔬菜量只有每日建議攝取量的30%），也損及其他家庭成員的蔬菜攝取量，因為家長不想自找麻煩。因此，簡報把焦點放在孩子身上，作為幫助全家人吃得更健康的方法。

　　這表示團隊必須以不同的方式思考如何傳達訊息。一般來說，這個部分的傳達會強調蔬菜的營養價值，或是作為食材的變化性。不過這些是非常理性成熟的主題，要和這些新的（而且是出了名難搞）受眾建立連結，就必須採取新手段。因此廣告公司找來一些專家——也就是孩子。

　　具體而言，他們請孩子為蔬菜想一些比較令人胃口大開的名字，就像把聽起來刺激有趣的東西放進盤子裡。

　　一如該廣告公司的首席策略長伯特・丹尼斯（Bert Denis）對我說的：「事後聽起來感覺一切都很簡單，但是以前從來沒做過。這些蔬菜的名字想像力十足，而且讓蔬菜好賣多了。舉例來說，比起胡蘿蔔，誰不想要『橘色火箭』啊？！」

　　我喜歡這個活動的原因，不只是Delhaize把它變成廣告（雖然這也是原因之一）。Delhaize實際上改造了12個最精彩的點子，並在包裝、販售點甚至食譜都放上新名稱。

　　番茄真的改名為，「小丑鼻子」，秀珍菇變成「小矮人的喇叭」，櫛瓜變成「巨怪棒槌」，再加上少許「龍牙」（苦苣）和寶箱（彩椒），你就會明白為何「魔法蔬菜」（Magic Veggies）的銷售量增加151%。

　　這個故事告訴我們，如果傾聽孩子的意見，一定會得到有趣的觀點。他們確實天生就對食物持保留態度，然而他們的點子可一點也不保守。事實上，研究不斷顯示孩子比成人更有創意。

　　首先，因為孩子們不受傳統思維或社會規範的約束。同樣的，他們也更可能犯下一些幸運的錯誤，把大人分開看待的事物混在一起。最後則是他們不會擔心可行性——對他們來說，一切都是可能的，包括韭蔥可能是「女巫掃把」的想法。

　　這種開放的心態見證了年輕人發想出無數發明，本書中只提及少數例子（彈跳床和點字），但是還有更多其他發明，像是蛙鞋、耳罩、對講機和雪地摩托車。因此，未來想尋找了不起的點子時，不妨請教一個小傢伙。

　　或者，如果這聽起來太像童工，你也可以用孩子的方式思考。

愛因斯坦就是這種技巧的忠實愛好者。他說：「想要激發創意，就要像孩子一樣愛玩。」

北達科他州立大學的研究人員也同意此觀點。他們進行了一項實驗，詢問76名大學生如果當天停課他們會做什麼。有趣的是，他們鼓勵其中一半的受試者以七歲孩童的方式思考，而這組學生的答覆遠比控制組要更充滿創意。

或者，你可以選擇另一個極端，招募一些較年長的夥伴。廣告公司和行銷部門是出了名的年齡歧視，其中一個偏見就是「老人」（言下之意：超過50歲的人）缺乏年輕同事的動力。然而許多證據都反對這種偏見。

例如多倫多大學的一項研究就發現，較年長的人確實專注力不如二十多歲的人。然而，正因為他們的心思飄向別處並從其他地方汲取靈感，這恰巧使他們更擅長創意性解決模式。

這又是一項提醒，只要不受限於一般族群，就能夠增加幸運。如果想來點新鮮想法，不妨請教精通自身領域的長者，或是把蔬菜叫做「精靈頭」的孩子。

召喚幸運

慣例說：勞動年齡的成年人提出的想法最明智。

幸運說：或許吧，但光是明智沒辦法有更精彩的表現。

問問自己：比你年幼或年長的人會如何探討品牌面臨的

挑戰？

幸運的茶包

完全不懂的外行人會對你的問題說什麼？

《天才一族》(*Crazy People*)是一部相當平淡無奇的電影，1990年上映，由杜德利·摩爾(Dudley Moore)演出主角安莫瑞·里森(Emory Leeson)：一名壓力過大的廣告人，厭倦了向大眾推銷謊言。由於他的精神狀態越來越糟糕，他開始寫出誠實到露骨的標語。像是：「Jaguar，獻給想讓陌生美女幫你打手槍的男人」，或是「買Volvo，外型呆板但品質很優。」不用說也知道，他的老闆一點也不欣賞，最後里森被送進精神病院。

他在精神病院時，開始發生一些奇怪的事(沒錯，比兩家汽車公司樂意共用同一間廣告公司還奇怪)。里森的廣告陰錯陽差上架，結果卻大獲好評。最後促使邪惡的老闆重新雇用他——以及其他病患——來創作更多精彩廣告。這些廣告的效果也非常好，例如「Metamucil纖維軟糖，讓你順利跑廁所」，最後里森逃脫精神病院，和這些新朋友成立自己的廣告公司。

如我前面說的，這部電影不怎麼樣。對精神問題的描述陳腔濫調，而且還有一大堆有害無益的刻板印象。不過這部電影的基本前提——業餘人士有時候做得比專家更好——這點相當耐人尋味。

我的意思不是專業行銷人員應該兩手一攤，將品牌的傳播策略「群眾外包」(crowdsource)給大眾(這個愚蠢概念時不時就會出現)。這部電影忽略了一件事，那就是在真實生活中，創意人士的點子並不是隨隨便便就說出口的。

　　做出適合的簡報是一門真正的技能，更不用說把工作做好了。一如各式各樣的偶然力，我們需要專家和「準備好的思維」才能辨別半成形的想法，並思考這個想法是否有用。

　　我是指，在專案的初期階段如果能有全然外行的觀點，可能會有幫助，也就是對所有技術細節渾然不知（或毫不在乎）的人的觀點，甚至是根本不用這種產品的人。這個人可能是會說些傻話——而你可以接手把傻話轉化為巧妙的東西。

　　說到機智的東西，不久之前我們正在研究Taylors of Harrogate的絕妙新產品。Taylors of Harrogate是約克郡茶（前面提過）的製造商，不過這份簡報是為泰勒咖啡（Taylors Coffee）製作的。更明確地說，是要推出新的茶包式咖啡。

　　老實說，茶包式咖啡早就已經存在幾十年了，但是比茶包更難做好，因為內含已磨成細粉狀的咖啡，而不是茶葉。這表示很難做出一種袋子能夠孔隙大到足以讓咖啡的風味散發，同時又細小到咖啡粉不會跑出來。結果幾乎沒有人知道茶包式咖啡，知道的人又常常抱怨味道。

　　泰勒沒有做過茶包式咖啡，寧可把重點放在能帶來絕佳風味的其他咖啡形式，如咖啡豆、咖啡粉和咖啡膠囊。然而他們了解到咖啡膠囊不太環保，該公司的產品開發專家最近在茶包上有了重大進展，終於可以展現媲美咖啡機風味的品質。

　　於是他們做出了退出膠囊咖啡市場的決策，並邁向這股新（好吧，對他們來說確實是新的）形式。你可以想像這是多麼重要的大事。

　　我們回到廣告公司後，特別留意要強調這次產品發行的重要性。我們強調濾紙包的傑出技術，還有這款茶包式咖啡是如何前所未有地好喝。我們還強調最終的優點：「不費力就有真正的咖啡」。我們還提到這項產品可能會顛覆我們喝咖啡的方式。

　　當我們的創意團隊一臉茫然的時候，確實有點令人洩氣。「不就是茶包，只是換成咖啡嗎？」喬治和莉茲問：「這很厲害嗎？」

不用說，我們又從頭到尾解釋一次這在技術上克服多少困難。幾個星期後，他們似乎終於理解這項技術的重要性。團隊帶著一大堆鮮明的點子回來。有人把茶包式咖啡的革新比喻成魔法，另一人則信誓旦旦說即溶咖啡已經是過去式，其他人則宣稱這是新能力，隨時隨地想喝就喝。

我們很高興團隊終於接受我們的意見。直到他們塞入最後一個點子。「我們不想一直強調這點。」喬治說：「但我們還在努力了解究竟為什麼要花這麼久的時間才做出茶包式咖啡。」

莉茲表示同意：「我們覺得這帶有一種概念。」她說：「我的意思是，人類在把咖啡放進茶包之前，竟然就在想辦法把狗送上太空。難道不應該承認這有多荒謬嗎？」

於是我們再次解釋這樣比較一點都不公平，而且茶包是多年苦心研究的結晶。「這就是我們的重點。」他們回道：「泰勒的歷史超過100年，怎麼現在才開始做這個？這段期間，人類已經分裂原子、定序人類基因組，還發現了希格斯玻色粒子。感覺可以用這個視角來做！」

好吧，這是我們收到的回應。

而且說實話，我們開始思考，也許他們說得沒錯。泰勒團隊確實花了很長的開發時間才有所進展。雖然我們都知道這是很了不起的成就，但是「普通人」可能不這麼認為。

帶著一點愧疚，但同時不失底氣，我們提出一個新想法：

「我們之前怎麼沒想到？」

這很可能是行銷史上最沒有發表感的新品發表標語，但的確誠實地令人耳目一新，最後成為一些搞笑的歷史穿越廣告片段。安莫瑞·里森的公司原本可以打造出這類坦率到令人會心一笑的點子。而且就和電影情節一樣，茶包式咖啡的銷售大爆發（暢銷到我們不得不停播廣告）。

這份簡報就是在提醒大家太深入專案的危險。在各行各業中，專業知識固然非常重要，但只限於一定程度。

　　當你將畢生之力，或是一整個週末，傾注在一項活動中，就會覺得這是世界上最重要的事。但是通常情況不是這樣。有時候退一步，和懂得沒你多的人喝杯咖啡是值得的。

召喚幸運

慣例說：專家最懂。

幸運說：是沒錯，但通常你的行銷對象不是專家。

問問自己：完全不懂的外行人會對你的問題說什麼？

第三單元
化凶為吉

前兩單元討論的是為品牌尋找機會的方法,這些機會要嘛近在眼前,要嘛藏在周遭的世界。這個單元則是關於負面的情況:機會似乎對你不利的時候該怎麼辦。

　　簡單來說,這個方法在於思維。最優秀的行銷人員不會因為「運氣不好」就灰心喪志,就像他們不會因為「運氣好」而得意自滿。畢竟就如一則中國民間故事的寓意,禍福常常是很難分辨的。

　　故事是這樣的:一名老翁擁有一匹美麗的白色駿馬,某天駿馬卻逃脫了。鄰人同情他的不幸遭遇,紛紛說:「運氣真差!」

　　不過他淡淡回道:「是福是禍,誰知道呢?」

　　事情就這麼巧,駿馬隔天回來了,還帶回12匹母馬。這次村人圍上來恭喜老人的好運氣。

　　他淡淡回答:「是福是禍,誰知道呢?」

　　果不其然,隔天老翁的兒子在試圖馴服其中一匹馬的時候不幸落馬,摔斷一條腿,村人對老翁表示同情。

　　但老翁再次說道:「是福是禍,誰知道呢?」

　　後來,皇帝的士兵經過村莊,把年輕人都帶上戰場——但放過了老翁的兒子,因為他摔斷了腿。眾人再次恭喜老翁的好運氣。

　　他一如往常,淡淡地說:「是福是禍,誰知道呢?」

　　我將在此單元解釋如何以類似禪的手法處理品牌的挑戰。

　　首先,我會告訴你如何克服挫折、打破禁忌、忘掉臆測。然後我會討論如何將缺陷和限制轉化為優勢和機會,以及如何度過危機和解決較不重要的麻煩事。最後我會探討如何打敗一些常見的敵人,像是無聊、仇恨與自滿。

　　我並不是要把這些挑戰降到最低，也不是要呈現過度天真的世界觀，彷彿揮揮魔杖就能消除壞運氣。當品牌陷入困境時，顯然你和整個公司都會承受巨大的壓力。此外，扭轉這種情況通常需要極大的努力與企業承諾。不過希望我提出的例子能顯示這些是辦得到的，即使在最艱難的情況下。

　　為了強調這一點，我將會從全世界最知名企業家遭受嚴重打擊的故事開始，以及這種表面的挫折最終如何成為他的救贖。

幸運的兔子
如果必須重新開始，
你會怎麼做？

華特・迪士尼（Walt Disney）那天過得並不順利。那是1928年3月13日，他在從紐約回洛杉磯的火車上。在紐約的期間，他經歷了一連串災難般的商務會議，且對自己最珍貴的資產失去控制。

他的傳記作者尼爾・加博勒（Neal Gabler）日後在書中解釋，坐在車廂裡的「永遠樂觀的華特・迪士尼，曾度過一個又一個危機，當時有了一個可怕的念頭：他必須重新開始。」

諷刺的是，前面提到的資產就是這些憂慮的源頭，那是一個叫幸運兔奧斯華（Oswald the Lucky Rabbit）的卡通人物。迪士尼在一年前與長期合作夥伴烏布・伊沃克斯（Ub Iwerks）一起創造了這個角色。這對二人組在自己的工作室破產後為環球電影工作。他們的製作人名叫查爾斯・明茨（Charles Mintz），不但個性很難相處，還要求他們創作出能在風靡一時的各式各樣卡通貓中脫穎而出的角色。

迪士尼和伊沃克斯的兔子不僅達到了這個要求，甚至超乎要求，賦予了奧斯華獨特個性。在當時這麼做極具革命性——在此之前的卡通人物都只是劇情的平面工具，然而華特希望奧斯華能擁有更完整的個性：活潑、機敏、輕浮、愛冒險。

迪士尼也打破動畫電影內容的界限，加入世故的幽默、拍攝角度與剪接，都是以往只用在真人電影的手法。

幸運兔奧斯華是迪士尼的首次大成功。初次登場(《電車麻煩》,*Trolley Troubles*)就深受觀眾喜愛,因此華特期待製作更多動畫。環球電影委託製作26部影片,每部電影付給他500美元,再加上每週100美元,在當時已經足以讓他投資一個油井。然而,明茨正在暗中想辦法把迪士尼和伊沃克斯一腳踢開。得知這件事後,華特趕到紐約試圖談判,但是發現自己被狡猾的製作人擺了一道。

火車上的迪士尼感覺沮喪極了,但是他並沒有沉浸在不幸中,整趟回程都在努力思考替代方案。當他在洛杉磯下車時,已經想出米老鼠(Mickey Mouse)的雛形:也就是史上最成功的卡通人物。

華特後來提及此事說道:「事情發生的當下你或許不會這麼認為,不過對你來說,嚴重的打擊也許是世界上最好的事。」在他的例子中確實證明了這一點,因為整個迪士尼帝國顯然就是建立在這次的厄運上。這隻兔子的故事後來還有溫馨的轉折:80年後,華特.迪士尼公司買回奧斯華的版權。從此奧斯華重獲新生,有自己的電影、商品和電玩。

簡而言之,這部電影的結局幸福圓滿。但是我們當中有多少人能從如此沉痛的失落中重新振作呢?

行銷產業中處處是這樣的挫折,想法不斷受到研究回饋、預算縮減、公司政策等因素的威脅。很多時候,我們覺得自己手裡有隻幸運兔,簡直無法想像幸運兔被別人奪走。不過與其因為奧斯華而一蹶不振,我們應該要傾注所有精力打造米奇。

其實我要說的是,現今真正優秀的行銷人員非常善於為這類顧客流失預先做準備,甚至可能加速顧客流失。

我剛入行的時候,競食(cannibalisation)被視為行銷守則中最基本的錯誤之一。其道理似乎不用多加解釋:為什麼要推出會造成營業額損失的產品呢?然而,如今改變的節奏太緊湊,你必須搶先市場一步扼殺自己最好的點子。

史蒂夫.賈伯斯就是箇中高手。他相信「如果你不自我競食,別人就會競食你。」基於這一點,他推出一波又一波的產品,每一款都

會威脅甚至殺死前一代，像是iPod、iPhone、iPad等等。當然，這個技巧很難拿捏。絕大多數的公司在企業內部都有圖騰級的產品，因為這些產品佔的銷售量不成比例。當手中握有如此成功的產品時，當然會想把價值發揮得淋漓盡致。而且如果經歷數年開發，那麼考慮終止該產品自然很痛苦。但是你必須思考接下來會發生的事，因為你的競爭對手會出招。

這表示要打造一種文化，其中的點子源源不絕，而且總是一個比一個更精彩。這種文化中沒有自滿的餘地，而且要欣然重新開始。在這個文化中，如果你發現自己正消沉地搭乘從紐約前往洛杉磯的火車，你就會知道該怎麼做。

正如作家約翰・史坦貝克（John Steinbeck）曾說：「創意就像兔子：你先養一對，學會如何照顧牠們，很快你就會有一窩兔子了。」只要確保舊點子跑掉的時候，永遠能變出新點子就好。

召喚幸運

慣例說：失去一個絕佳創意很痛苦。

幸運說：你會想出更好的點子。

問問自己：如果必須重新開始，你會怎麼做？

幸運的棺材
你該如何讓禁忌變成話題？

1777年，詹姆斯·庫克（James Cook）船長將「禁忌」（taboo）一詞帶進英語。他在東加（Tonga）認識了這個詞，不過斐濟、夏威夷和毛利語中也有類似的字彙，表示這個詞有更久遠的原始波里尼西亞語根源。庫克描述當地人強烈相信某些食物的適切性（忽略了他自己可能也有類似的忌諱）。「他們當中沒有一個人願意坐下或吃點東西……我表示驚訝之情時，如他們所說的，這些都是禁忌；這個詞的意思非常廣泛，不過大體而言，它表示某件事情是不被允許的。」

從此以後，禁忌開始用來形容所有被視為社會無法接受，甚至不該談論的話題或行為。因此這對某些產品類型的行銷人員成為非常困難的挑戰。

舉例來說，要如何在一個把月經視為不潔的文化中推銷女性生理用品？在一個假裝排便不存在的世界中，要怎麼處理衛生紙或空氣清新劑？或是在崇尚男子氣概的社會中推銷勃起障礙的藥物？

好消息是，大環境正在逐漸放鬆這些顧忌。行銷人員往往走在最前面，教育人們這些事情在生命中再平常不過的面向，使大眾更容易接受談論這些事物。然而對於最大的禁忌——死亡——又是如何呢？

我們的德國姐妹公司（Heimat Berlin）最近就面臨了這項挑戰。他們要為德國聯邦藝術與工藝協會（Central Association of German Crafts）製作廣告。該協會是許多不同產業組織的代表，從

電機到金屬加工皆有。德國的高超工藝有傲人的歷史，但是這份簡報是要展現這種能力在現代世界中仍具有重要性。

廣告公司的提案是製作一系列以各產業的有趣人們為主題的短片，不過故事帶有現代感的轉折和幽默。例如，一名女木匠可以跑遍全世界，向其他文化學習技術，或是美容業人士可以討論她渴望改變女性與美的關係。

這感覺是相當靈活的手法，直到德國禮儀師協會（Association of German Funeral Directors）請該公司製作廣告。你能想像比這更沒希望的簡報嗎？！

Heimat的創意總監馬蒂亞斯・史托哈特（Matthias Storath）告訴我：「禮儀師扮演非常重要的角色，但是說好聽點，這個案子相當有挑戰性。沒人喜歡談論死亡，更不用說每天與死亡為伍。我不確定我們的想法是否可行，不過我們已經說服董事會了，所以一定要做到最好！最後這個倒霉差事成為好運。甚至是一連串非常幸運的意外之喜呢。」

首先，這個突發狀況表示全隊必須硬著頭皮思考棘手的議題，也就是廣告人——包括殯葬業者——往往避而不談的議題。廣告公司已經說服工藝業者毫不掩飾地談論手藝的構思，因此現在也不能突然改變策略。在這個情況下，他們發現禁忌其實不成問題，反而能讓故事變得新鮮有趣。

接著，團隊找來出色的業界領頭羊，也是一位跳脫常規的禮儀師。來自柏林的艾瑞克・弗烈德（Eric Wrede）肩負使命，要改變人們與死亡的關係，讓死亡顯得較正面。他甚至有自己的podcast，在節目中以驚人的坦率明朗態度侃侃而談這個議題。找到弗烈德意味著殯葬廣告可說是成為整個系列中最有力的部分。

不過最幸運的突破要歸功於一個小細節。短片的導演準備了一個棺材要漆成鮮艷明亮的色彩，藉此突顯弗烈德對生死的正面態度。這個道具固然很好，但是馬蒂亞斯和他的團隊卻被繽紛棺材的象徵意義震撼了。他們思考這是否能進一步發揮，將繽紛棺材本身獨立出來做成一個概念或迷你廣告。

事實證明，彩繪棺材成為了一個社會現象。

Heimat團隊請來五位藝術家，分別為五名網紅繪製個人化棺材，運用搶眼鮮亮的顏色、大膽的字體，加上卡通圖案和標語。藝術家一邊繪製這些精彩作品時，一邊隨性講述他們的主題，也就是死亡。

他們分享童年故事，回憶自己第一次明白死亡。他們提到自己的雙親。他們面對自身的恐懼，甚至試圖讓自己可能會經歷的告別充滿歡笑。

我很喜歡他們後來在最難以想像的平台上發布這些對話和棺材，也就是Instagram。正如藝術家Ju Schnee所言，在原本「充滿時尚、美妝和酪梨吐司的閃亮世界」，這些訊息反而更有力量。

他們鼓勵追蹤者分享關於死亡的想法，除了#mysneakers、#mytravel和#mybreakfast之外，現在人們的貼文中也出現#mycoffin。最後這些出名的棺材放到eBay上拍賣作為公益用途。

這支出人意表的廣告最後在社群媒體上獲得1億次觀看。而且還成為難以想像的年度頭條，《畫報》（*Bild*）宣稱：「這些棺材精彩地讓人瞠目結舌。」就我而言，我會說簡直精彩得要「死」。不過重點是，原本陰暗駭人的主題變成一場明亮愉快的對話。

如果禮儀師能夠讓死亡變得很酷，那麼你可以對付哪些禁忌呢？

召喚幸運

慣例說：禁忌就像詛咒，最好避開那些不可言說之物。

幸運說：通常明說那些不開提的事情比較好。

問問自己：你該如何讓禁忌變成話題？

幸運的逃脫
你可以掙脫哪些預設想法？

約翰·梅納德·凱因斯(John Maynard Keynes)徹底改變了經濟學，不過對自己的創造力卻輕描淡寫。他說：「想出新概念不難，難在如何擺脫舊概念。」

行銷人員一定深表同意吧。我們的工作比起像達文西般創造，往往更像胡迪尼(Houdini)般變魔術：奮力掙脫知識的拘束衣，而不是在白紙上畫草圖。有時候規則是前人立下的，有時則是自己形成的。無論是哪種情況，累積太多智慧在某些時候幫不上忙，反而成為阻礙。

2009年我們為衛生部進行反菸宣導的時候，感覺就是這樣。那只是50年前開始的政府宣導活動的最新版本。事實上，簡直可以說我們只是跟著十七世紀的國王詹姆士一世(James I)腳步製作警示。他是個無法阻擋的男人，他稱吸菸是「有礙觀瞻、氣味難聞、傷害腦部、危害肺部的習慣，那片惡臭的黑煙堪比無底洞中令人憎恨的漆黑煙霧。」

在那之後，一項又一項研究證實吸菸習慣對健康的可怕危害，還附上如山高的數據，數量之多，連衛生教育專家都曾開玩笑說：「現在所有已知數據中90%都是關於吸菸。」

所有這些必殺證據造就了必殺策略，一點也不誇張。雖然多年來偶有偏差，醫療人員卻自以為是地認為，這些反菸廣告的作用就是在提醒人們吸菸的致命影響。接著，這項策略的任務是要決定聚

焦在哪些疾病（肺癌、心臟病、肺氣腫、慢性阻塞性肺病、肺炎……
等），然後創意人員必須找出越來越嚇人的方式呈現這些疾病。

你應該發現其中的關聯性了。這些訊息沒有比「避免死亡」有
效到哪裡去，於是當然就繼續用新的證據和新的廣告試圖讓民眾
理解。只不過，當我開始研究這類點子的時候，它們就……嗯……
灰飛煙滅了。

創意工作並不是做得不好。印象中，我記得一個非常有力的路
徑，是一隻老鼠在下水道猛竄（象徵致癌物在體內擴散）；家中潛
伏令人不安的「隱藏殺手」的概念；還有一些吸煙者臨終前令人心
疼的懇求。這些廣告都很短，全都附上嚇人的統計數據。但是我在
焦點團體中分享這些概念時完全沒有正面評價，好幾名受試者甚
至詢問是否能出去抽根菸！

回想起來，也許我不該對這種反應感到訝異。研究顯示，幾乎
所有吸菸者都知道吸菸會致命，而且他們對病症也很熟悉。

撇開其他的不談，光是菸盒包裝上的警示圖片就表示吸煙者每
年會收到超過4000次（依照平均每天12根菸的習慣計算）這種驚悚
的警告，然而他們還是上癮了，因此（不同於因為嚇壞而戒菸的前
幾代老菸槍），這些剩下的吸煙者很明顯對這些訊息不為所動。

事實上，這種做法似乎反而會鞏固吸菸者的觀點。許多受試
者抱怨，抽菸是人身自由：他們可以傷害自己的身體，甚至殺死自
己，只要不傷害其他人就沒關係。有些人爭辯，反正傷害要很多年
後才會形成，只要願意，他們絕對有足夠時間可以戒菸。至於統計
數據，遇上年過90的老菸槍或是在超級健康的朋友在慢跑時猝
死，就完全沒有說服力了。

話題回到胡迪尼身上，我們彷彿被創意的拘束衣困住，而且
快沒時間了。其中一位受試者提到，她的十歲孩子如果聽到她這樣
說話一定會責備她，這時候我們看見了逃脫的路徑。這點引起熱烈
討論（對此我非常樂意，因為我已經沒有點子可以分享了）。

對話第一次變得活潑熱絡，不是聊疾病，而是討論悲傷。幾乎所有受試者都有孩子，也都承認孩子對他們的抽菸習慣擔心得要命。他們提到菸盒裡的字條（爸比，拜託不要抽煙了）與睡前的眼淚。不同於也許幾十年都不會出現的病痛，這股感情上的傷痛立即湧現，而且無法否認。雖然受試者覺得有權傷害自己，卻很討厭惹心愛的人傷心的念頭。

經過一組又一組的焦點團體，都得到同樣的答案，我們終於看見擺脫自我設限的機會了。

恢復活力後，我們發想新的簡報，將重點放在「傷害孩子的感情，而不是傷害你的身體」。沒有統計數據，也不需要花俏的創意比喻，簡單直白地記錄幾十個真實的孩子發自內心請求雙親戒菸，然後將這些廣告投放在家長最喜愛的媒體環境。

「嗨，爸爸，我知道你在看《加冕街》（*Coronation Street*），我只想請你戒菸。」、「嗨老媽，我知道你在讀《激辣》（*Heat*），所以我想拜託妳別再抽菸啦。」

回顧起來，我想主要客戶，也就是當時剛上任的行銷總監席拉・米契爾（Sheila Mitchell）並不是醫療專業人士，這點絕對大有幫助。她確實獲得該領域一些傑出專家的大力支持，但是席拉一輩子都在私人企業工作，因此不太受到舊有預設的綁手綁腳。她只要成果，而這就是她得到的。

這支廣告的效果比過去任何一支反菸廣告都出色。確切地說，這支廣告光是頭兩年就增加300萬次嘗試戒菸，為國民健保署省下1.2億英鎊，投資報酬率更提高了54%。

正如凱恩斯（或是所有吸菸者）會說的，難在如何擺脫舊習慣。我們都對曾傳統觀念成癮，但是現在我們擺脫束縛了。

召喚幸運

慣例說：想出新創意很難。

幸運說：擺脫舊觀念更難。

問問自己：你可以掙脫哪些預設想法？

幸運的封城

你可以如何幫助他人，
以最佳狀態展示品牌？

我在新冠肺炎疫情期間寫這本書時，英國正在全面封城的狀態。在這個時刻，全球所有公司企業的特點之一，就是正在經歷一樣的危機管理速成班。有趣的是，有些公司的重大變故應對比其他公司出色許多，而且不只在自己的產業領域。

我們可以從這些公司身上（以及之前的其他災難）學到什麼呢？

這個嘛，也許第一個論點就是很難一概而論。經濟衰退和疫情不同，天災和咎由自取的醜聞也不同，環保災難和產品召回也不同，以此類推。閱讀後續建議時請謹記這條告誡。

另一個要注意的就是，好的危機管理其實早在壞事發生前就開始了。做得特別出色的公司往往都是那些已經擁有強而有力的領導、明確的使命、良好的溝通管道，以及靈敏的工作方式。

不過也許最重要的一點就是，想在危機期間獲利一定會失敗。很多時候，公司似乎覺得必須追隨邱吉爾（真實性有待商榷）的名言「絕對不要浪費一場好危機」。

我從來不喜歡這句話——它太歡樂、太過利用人類的不幸了。我相信「在危機期間絕對不要停下腳步」會是比較恰當（而且有效）的格言。

確切來說，我認為公司在危機期間可以採取六個有幫助的步驟（長遠來看，也能為自身間接受益）。這些步驟分別是Clarify（澄

清）、Review（重新審視）、Involve（參與）、Serve（服務）、Invest（投資）和Strengthen（強化），或縮寫成CRISIS。

首先是強勢品牌「澄清」。任何困難的情況都會因為混亂或是單純缺乏資訊而變得更糟。這兩種情形都會使謠言傳播、恐懼或憤怒的產生趁虛而入。領導者必須全面了解數據，才能迅速確定事實與企業定位。尤其是企業有不當行為時，就應該明確而恰當地承認。

2018年肯德基在處理供應鏈「雞」荒後續就做得很好。當時全英國確實因為肯德基店內的炸雞缺貨而暴怒。不過這家速食公司承認這場鬧劇、向顧客與分店道歉、澄清正在進行的步驟，因而迅速平息紛爭。事實上，該品牌用自嘲的方式（以FCK為廣告標題）辦到這一切，這表示公司很快就能主導話語權。

第二，公司需要「重新審視」全部既有的營運和作業。顯然安全程序等是第一要務，不過訊息傳播也需要檢視。有時候計畫已久的活動已經沒有意義，或是有可能引起爭議。沒人希望落得和精神航空（Spirit Airlines）一樣的下場，這家航空公司在美國發布航空禁令幾天後，自動發送電子郵件給全國上下，說現在是「起飛的最佳時機」。

第三，成功的公司會讓員工「參與」。2015年勤業眾信（Deloitte）的報告指出，絕大多數的危機管理研究都側重在員工可提供幫助的「能力」。相比之下，勤業眾信的研究發現，提供幫助的「意願」才是更重要的因素。尤其是一線工作者，他們需要被傾聽、感到安心和鼓舞，如此他們才有動力幫助公司度過難關。

也許這再顯而易見不過，然而Wetherspoons、Topshop和Sports Direct等品牌都因為在封城期間對待員工的方式而受到嚴厲譴責。這樣員工怎麼會想為老闆多付出心力呢？

第四，公司需要捫心自問，如何才能為更良善的目的「服務」。在目前的疫情危機中，我們已經看見許多公司重整工廠以生產乾洗手、口罩和快篩試劑組。我們也看到企業放寬付款時間、降低付費牆與減免費用，作為善意的行動，不過單純維持精神振奮也是助人的方式。

例如，我們為約克郡茶（Yorkshire Tea）製作壺嘴長得誇張的「社交距離茶壺」廣告，令人會心一笑。至於房地產網站Zoopla，我們在房地產市場停擺時，鼓勵家家戶戶打造自己的城堡，並將這些城堡做成「房地產經紀人風格」的列表。

當然啦，在危機期間需要謹慎處理幽默，但如果以對的方式用在對的時間，也可能大受喜愛。事實上，我們在2020年4月英國首次封城的高峰期間進行的研究顯示，90%的英國人民覺得「在這種時刻保持幽默感很重要」。

第五，機構應該持續「投資」。一篇2010年的《哈佛商業評論》的研究發現，通常只有不到10%的公司能在經濟衰退後變得更強大。這些公司會削減非必要成本，不過在行銷支援與創新方面持續投資。同樣的，麥肯錫管理顧問公司（McKinsey）記錄了部分西非企業在2014年伊波拉病毒爆發後，反而變得更壯大，因為它們抓住這個機會投資公司的勞動力。

最後，公司應該要以「強化」自身為目標。在突如其來的動亂之後，人們通常會想要「回歸正常」。不過就如納西姆・尼可拉斯・塔雷伯（Nassim Nicholas Taleb）早在2012年曾說的那樣，公司不應該單純只想著「迅速恢復」，而是應該要在壓力之下求進步（塔雷伯將這種現象稱為「反脆弱性」）。這表示鎖定在動亂中出現的正面變化，並加快混亂中產生的改善之處。

你可能會注意到，這個模式並不是出於追求個人利益的機會主義，而是以改善每個人的處境為核心，同時也在過程中提升自我。顧名思義，危機是極為艱難的情況，通常在短期內容易迷失方向。不過在一團混戰中，品牌擁有者必須看見大局。

換句話說，歷史不會讚許發災難財的品牌，而會眷顧出錢出力，使人們能夠對抗災難的品牌。

召喚幸運

慣例說：危機代表可以利用的機會。

幸運說：危機是挺身而出、讓人倚靠的時機。

問問自己：你可以如何幫助他人，以最佳狀態展示品牌？

幸運的故障

如何將你最大的弱點
變成最大的優點？

亞佛烈德・希區考克（Alfred Hitchcock）相信「運氣就是一切」。有趣的是，他覺得自己的好運是來自一個缺陷。而且這個小缺點出乎眾人意料：「我一生中的好運是因為我是一個很容易受驚嚇的人。我很幸運身為一個膽小鬼，對恐懼的門檻很低，因為英雄是拍不出精彩懸疑片的。」

他說得沒錯。這個在《驚魂記》（*Psycho*）、《美人計》（*Notorious*）、《迷魂記》（*Vertigo*）背後的男人也很怕警察、牧師、老師、性愛、聊天和墜落（以及其他許多事物），他甚至有嚴重的雞蛋恐懼症。許多這些焦慮都是源自於身為過重兒童與嚴厲父親教養的成長經歷。但是他將這一切放進作品中：「創作與這些恐懼相關的電影，是我擺脫它們的唯一方法。」

希區考克欣然接受自身缺陷的策略固然與一般行銷建議截然不同，後者是要強調品牌的優點。然而，一如行為經濟學家理查・尚頓（Richard Shotton）所指出，這其實是某些史上最出色廣告的核心。

這是戰後創意大師比爾・伯恩巴克（Bill Bernbach）最愛用的手法，他是公認的現代廣告之父。1959 年，他推出有史以來最知名的廣告之一，把福斯金龜車（Volkswagen Beetle）所謂的缺點化為優勢（好吧，它不像美國車那麼大，但這表示維修金額、保險費用和停車位都小多了）。接著他以同樣手法處理艾維士租車公司（Avis），利用該品牌在市場上排名第二一事提出主張：「我們會更努力。」

尚頓解釋有一大堆科學證據可以證明為何這種反直覺的手法有效。他恰當地以「出醜效應」為例子：這種公認的現象是指我們偏愛帶有些許不完美的人或品牌。大量研究表明，謙虛一點不僅能讓你更討喜，也能讓你傳達的訊息更可信。

除了一些知名的特殊例子，此技巧沒有被更廣泛採用，這點反而顯得更令人費解。事實上，若非要解釋原因，自我貶低現在似乎不若伯恩巴克的時代流行了。一如傳奇創意大師戴夫・卓特（Dave Trott）所說：「我很懷疑現在找得到能理解這個概念的人。」

好吧，雖然我可能會顯得在吹噓自己有多擅長自我貶低，我想我還是會分享一些我們近期的廣告，它們的核心就是自我貶低。

Hostelworld本質上就是青年旅館版本的Booking.com，這個線上平台為年輕旅行者提供世界各地3萬3000個住宿選擇。其最大的挑戰就是難以擺脫負面的刻板印象，人們擔心青年旅館嘈雜喧鬧、擁擠骯髒，不安全又缺乏便利設施。《恐怖旅社》（Hostel）恐怖片系列出現在熱門搜尋結果更是雪上加霜。這系列電影如果出自希區考克之手，他一定會非常引以為傲：陰暗、破爛，而且鮮血淋漓。

然而與事實相去甚遠的是，青年旅館近年來早就不可同日而語。許多青年旅館現在都有安靜的多人房、可上鎖置物櫃、超棒的公共區域、旅館內就有酒吧、餐廳、免費無線網路，甚至還有私人房。基本上比你以為的要好太多了。因此，青年旅館行業其實面臨的是觀感問題，而不是實際的問題。

2015年，Hostelworld請我們開始解決這些誤解。我們著手的方式相當傳統，明確表達青年旅館體驗的正面好處：亦即青年旅館的社交本質。在酒店的話，人們會在早餐時避免眼神接觸，並在房間門口掛上「請勿打擾」的牌子，但青年旅館是結識志同道合的旅行者的好地方，而且也更貼近當地社群和文化。我們用一句標語總結這份任務：

「認識世界」。

我們在接下來的幾年間推廣這項理念，並展現實現這項理念的絕佳住宿。我們修改了品牌識別，使其更具社交象徵意義，並與

Google合作，在Hostelworld應用程式上提供語音翻譯功能。我們還開發一系列廣告，邀請拳王克里斯·尤班克（Chris Eubank）、饒舌歌手50 Cent和瑪麗亞·凱莉等意想不到的名人造訪青年旅館，親眼目睹這些地方是多麼精彩有活力的社交中心。

　　總之，這些活動在呈現青年旅館住宿的優點方面非常成功。觀感改善了，訂房率也提高了——然而還是難以擺脫負面印象。

　　因此，2017年我們接到查理·辛（Charlie Sheen）的經紀人來電時，似乎並不是有幫助的進展。畢竟他是臭名在外的狂人，在社群媒體上因為瘋狂荒唐的舉止而聲名狼藉。他的酗酒和吸毒問題早就人盡皆知，還有性醜聞和暴力事件，以及稀奇古怪的觀點。他大概是我們最不希望和青年旅館扯上關係的人，對吧？

　　他的經紀人卻反駁這點。原來查理一直在清理自己的爛攤子，而且現在已經毒酒不沾。他還為慈善做了許多事（尤其是在2015年發現自己是HIV陽性後）。簡單來說，他已經改過自新。不僅如此，他非常喜歡我們的廣告，下週就要來倫敦了。他想知道自己會不會成為我們的下一個「不速之客」。

　　這個嘛，絕大多數的行銷人員在這時候都會禮貌地拒絕。我們並沒有計畫這項活動，也沒有太多時間搞定一切。而且無論他的經紀人怎麼說，查理的名聲仍然很糟糕，可能會為品牌觀感帶來負面影響。不過Hostelworld的行銷長奧圖·羅森伯格（Otto Rosenberger）正是既勇敢又果斷的夢幻客戶之一，因此我們決定不僅要全力以赴，還要加倍努力。

　　我們沒有迴避查理的惡名和青年旅館的糟糕聲響，而是欣然接受。我們巧妙利用這兩者，以查理和青年旅館揮之不去的糟糕名聲做出誘餌風格的聳動標題，然後我們會證明兩者都「比你以為的好」。

　　精確來說，我們為社群媒體製作六支15至20秒的影片，故意模仿猥褻的誘餌標題風格，然後揭曉真相。例如其中一個標題非常怵目：「查理·辛在青年旅館用球棒海扁青少年」，結果揭曉他正在和背包客打桌球。

　　另一支廣告標題則是「查理辛在青年旅館加料」，結果他只是想為其他房客準備豐盛的晚餐。「查理·辛在青年旅館重擊主教」中，他正在下西洋棋；「查理·辛在青年旅館睡了七個人」是他在安靜的多人房中正睡得香甜等等。

　　這種危言聳聽的格式，在觀眾常常於廣告開頭前幾秒就跳過的環境中效果絕佳。我們以這種方式從開頭就抓住目光，接下來就能直接了當地而不是含蓄處理他們的偏見。

　　雖然（或是可能因為）這是高風險的策略，但因此回報也很高。66%看過這些廣告的人表示，他們因此較有意願預訂青年旅館。訂房率年增率提高21%，YouTube甚至說此系列是2018年度最有效的廣告。這證明了，有時候承認自己最大的弱點，可以是你最強大的策略。

召喚幸運

慣例說：品牌一定要隱藏缺陷。

幸運說：承認問題可以提昇可信度和好感度。

問問自己：如何將你最大的弱點變成最大的優點？

幸運的限制

你會如何運用一半的錢、一半的時間或一半的專業知識完成任務？

近期我最喜歡的商業書之一是亞當·摩根（Adam Morgan）和馬克·巴登（Mark Barden）的《美麗的限制》（*A Beautiful Constraint*）。他們在書中承認，我們都不得不在某些限制下行動。

例如我們可能經濟能力有限、時間有限、資訊有限，或是技術能力有限。或者我們會受限於外在壓力，像是政府法規、經濟、人口，或是物理定律。

無論如何，限制總是被視為壞事。不過摩根和巴登主張，限制其實可以成為「刺激新方法和可能性的催化劑」。

作者在書中提出多種開啟這些機會的方法，其中一項就是「如果－就能」（Can-If）。這項技巧的靈感來自於Warburton（英國最大麵包公司）的研發總監柯林·凱利（Colin Kelly）的談話。他說許多有意思的概念都被扼殺，因為我們傾向將限制視為無法跨越的障礙。「我們沒辦法做到，因為……」這句話就表露無遺。

為了對抗這一點，凱利禁止這種特定的句型結構。取而代之地，他提倡使用「我們可以做到，如果……」（we can do this if）。因此，舉例來說，如果有人反對「我們無法使用新包裝，因為會讓生產線變慢」，要鼓勵他們改變句法表達觀點為「如果用其他人的生產線，我們就可以使用新包裝」。

摩根和巴登指出，這種激勵創新思維的方式真的非常有幫助。

不過他們也提到，限制通常不會只有一個，而是同時有好幾個。因此，他們建議以一系列「如果－就能」解決一連串無法避免的「因為－不能」（Can't-Becauses）。

這讓我想起 2013 年製作的一支慈善廣告。

事實上，男性癌症關懷宣導（Male Cancer Awareness Campaign, MCAC）是我們在 Lucky Generals 經手的第一個品牌。我們在公司開幕當天認識了 MCAC 創辦人派特里克‧考克斯（Patrick Cox），他是一位身材高大又愛交際的愛爾蘭人，和我們一拍即合。

派特里克提到，他在幾年前如何從睪丸癌恐慌中活下來後成立該慈善組織。從那時候起，他明白自己的畢生使命就是教育其他男性了解主要的男性癌症（前列腺癌、睪丸癌、腸癌）。他特別想要強調及早發現的必要性：英國每年有 1 萬 9000 名男性死於這些癌症，如果及早發現，大多數人都能存活下來。

我們折服於他對這項使命的熱情，還有他那極富感染力的幽默。我們真的很想幫助推廣訊息，但是也看見許多限制。當時摩根和巴登的書尚未問世，不過接下來其實就是「如果－就能」的對話。

我們雙方直接攤牌。派特里克強調 MCAC 是小型慈善組織，他沒有預算。事實上，他說即使他有錢，他「也不會把錢給該死的廣告公司」。我同意。我們表示，我們也身無分文，才剛剛將畢生積蓄投入新公司，不過我們確實有很多熱情、才華和人脈。於是「如果我們創意思考、動用人情並運用人脈，我們就能做到」。第一個問題就這樣解決了。

接著，派特里克談到要讓男性為「下面的」玩意兒煩惱有多麼困難。好幾代的女性已經學到檢查乳房的重要性，然而老兄們卻比較不關心，說真的也比較懶。

這點讓我們很有共鳴。我們曾經手的其他專案中，男生曾抱怨他們現在被改變行為的要求瘋狂砲轟（顯然他們不知道女性的情況更糟）。但是我們沒有放棄，而是說：「如果要求非常簡單，就能讓男生動起來。」

最後，派特里克提醒我們，這個話題是禁忌。一如我在前面章節探討的，很難讓人們思考被社會視為碰不得的主題。在這種情況下，男生真的非常不願意談自己的「蛋蛋、屁屁和腸子」。那種尷尬感簡直要人命，但是我們能夠克服嗎？我們認為：「如果用受眾能理解的方式談論而且帶有樂趣，就能辦得到。」

我們很清楚這是嚴肅的議題，派特里克可能不會認同「樂趣」這一點。但原來他相當有「卵蛋」，真是太棒了。「沒有問題。」他說，一邊拿出前一次廣告的照片。上面是一個名叫「睪丸先生」的男子，打扮成巨大（而且造型過度鉅細靡遺）的陰囊。

經過這番「如果─就能」對話的解放，限制似乎沒有那麼糟。事實上，如果我們有無限的資金、受眾的熱情和社會認可，就絕對不可能善加利用這些限制，做出後來的解決之道。

我們的概念是讓男生一天「不穿內褲」。不穿內褲並不是什麼難為的要求。事實上，如同我的創意夥伴丹尼說的，這「可能是頭一遭要求為慈善少做一件事」。最重要的是，廣告確實提升男性對自己的「私密處」的意識，進而更可能檢查它們。

接著，為了確保這不只是祕密進行的私人提案，我們打造了一種新媒介。我們把貼紙做成軍官肩章的形式，告訴全世界貼上這張貼紙的人「沒穿內褲」，目的是要激起興趣和對話──無論是在地鐵還是在工作場合。

我們在貼紙的背面印上早期檢測的重要性，並附上MCAC的網站連結。其實重點是要用意想不到而且便宜的方式打破禁忌。我們運用人脈，在260間Paddy Power彩券行，以及Google、紅牛（Red Bull）、維珍（Virgin）和《太陽報》（The Sun）等公司的總部發放貼紙。

最後，為了提供這個概念一些支援，我們討來足夠多的人情，打造了一支社群影片和印刷廣告。基本上，每次我們（或是我們的製作公司朋友）為別的客戶拍攝男性名人時，我們都會詢問是否可以快速加拍他們拋開內褲、貼上貼紙、說他們會「不穿內褲」的片段。

可以想像，媒體最喜歡各式各樣的流行明星、電視名人和政治人物丟開內褲了。我們總共獲得超過100萬英鎊的免費版面、2.9億次觀看次數，以及3600萬次推特曝光。最重要的是，超過6萬5000名男性在那天貼上了貼紙。

我們無中生有──正因為我們一無所有。

也許你認為限制是壓迫，而你無法克服限制。不過如果欣然採納「如果─就能」，也許可以呢。

召喚幸運

慣例說：限制阻礙你。

幸運說：限制可以解放你。

問問自己：你會如何運用一半的錢、一半的時間或一半的
專業知識完成任務。

幸運的老鼠

如何將一大堆小問題
變成一連串小贏？

1814 年，伊萬·克雷洛夫（Ivan Krylov）寫下一則寓言，名為《好奇的人》（*The Inquisitive Man*），故事中的主角參觀一間博物館，注意各式各樣所有最微小的細節，卻沒發現其中有一頭更顯眼的大象。

數十年後，這篇故事因為費奧多爾·杜斯妥也夫斯基（Fyodor Dostoevsky）和馬克·吐溫等作家而廣為流傳。在後來的傳述中，這頭寓言中的大象成為人們因為害怕尷尬而刻意迴避的大問題的隱喻。經過長期醞釀，「房間裡的大象」的比喻於焉誕生。

我在前面的章節已經討論過這類品牌挑戰，像是關於死亡的禁忌，以及對青年旅館的負面聯想。這些都是非常棘手的大問題，因為這些問題已經太大，沒辦法真的避而不談。

那麼公司面臨的其他不那麼緊迫的問題呢？所有的組織都會不時經歷總會發生的小毛病、意外或不幸的事故。事實上，大多數公司的會議室中並沒有逼人的大象，但是有「老鼠」（MICE）：也就是惱人的小事（Minor Irritations）、一團亂（Cock-ups）、令人尷尬的事（Embarrassments）。

一般的觀念認為，企業領導人應該要無視這些問題，專注在更大的問題上。不過任何屋主都知道，對「老鼠」置之不理是非常不智的，有時候老鼠也可以很有趣味。

就以雪山啤酒（Busch Beer）為例子。這是在美國非常受歡迎的拉格啤酒，由百威英博集團（AB InBev）製造，是美國中部最愛的啤酒，並以其樸實草根的個性為傲。雪山啤酒是最具藍領特色的運動NASCAR（全國運動汽車競賽）的長期贊助商，特別是很長一段間支持傳奇車手凱文·哈維克（Kevin Harvick）。

到目前為止，一切都很好。現在輪到「老鼠」上場。

哈維克有兩個勁敵，他們其實是一對兄弟。哈維克曾經如此評論弟弟：「他是我這輩子見過最愛碎唸的廢物。他最好給我乖乖待在車上，不然我會去找他，叫他捧著我的手錶，因為我要揍扁他。」哈維克也沒有比較喜歡哥哥，身為兩屆無限系列賽（Xfinity Series）冠軍的他說，對方是「智障」、「低能」、「愚蠢」。

那為什麼這對雪山（Busch）來說是個問題呢？因為這對兄弟的姓氏是「Busch」，他們叫做寇特和凱爾·布許（Kurt and Kyle Busch）。

讓我們回顧一下，雪山啤酒（Busch Beer）贊助凱文·哈維克。而凱文·哈維克的勁敵姓氏也是「Busch」。因此只要他走上賽道，全身上下總是貼滿死對頭的姓氏。

顯然這樣很不好。不過從另一方面來說，也不是什麼大問題。大家都知道此Busch（雪山啤酒）非彼Busch（車手兄弟）。人人都知道這是「無解的事」。事實上，多年來這一直都是「無解的事」。百威英博集團每年要解決的挑戰中，布許兄弟的排名大概非常後面。他們是「老鼠」而不是大象。但要是能對這些小害蟲做些什麼也很不錯，對吧？我們是這麼認為的。

於是，2019年的一場NASCAR賽事中，我們拿掉凱文·哈維克的防火賽車服、裝備和車體上的所有雪山（Busch）的品牌字樣，並以完全相同的字型和顏色換成「Harvick」。所有社群媒體管道、賽道看板和螢幕上的圖示也是。我們甚至將所有在比賽中販售的啤酒罐重新命名包裝。正如哈維克自己所說：「這才是塗裝設計嘛！車上有我的名字。啤酒罐上也有我的名字。這樣我才能支持嘛。早就該改了。」

我不會假裝這種一次性的噱頭會扭轉Busch（啤酒）那一年的運氣。不過在競爭激烈的市場中，這個突如其來的變化確實為品牌帶來許多討論度——尤其是凱文·哈維克還贏了比賽。

雪山啤酒在社群媒體上獲得4700萬次曝光，同年獲得NASCAR行銷成就獎，而那些啤酒罐現在成為收藏品。

簡單來說，這就是卡爾·維克（Karl E. Weick）提到企業應該更常追求的「小贏」（small win）。維克是密西根大學的著名組織理論學者，1984年時發表該主題的代表性論文。真可惜他沒有接觸NASCAR，不過他確實調查了NFL與其他競賽活動。他發現許多長期的成功其實更可能來自一連串的小勝利，而非一次性的巨大成果。

接著維克列出一系列和小贏有關的優勢。

首先，這些都是「具體」的事件，這表示較容易讓內部和外部的受眾理解。對於像雪山啤酒這類深入日常生活、對誇張的行銷任務不屑一顧的品牌而言，這點很重要。

其次，小贏代表穩紮穩打。維克用一個比喻解釋這一點。他請讀者想像自己正在數1000張紙的同時一直被打斷。他指出，如果他們想要一口氣數完，很可能中途就會忘記數到哪裡，必須重新開始。如果把紙張分成100張一疊，那麼被擾亂的風險就降低許多。套用在我們的廣告上，這表示只要哈維克衝過終點線，我們的勝利就不會被逆轉，這在像啤酒市場瞬息萬變的商業世界中非常受用。

第三，小贏可以形成氣勢，一部分是由於透過激起內部和外部受眾，一部分則是透過擾亂大環境。不可否認，小贏並不容易以線性方式規劃，不過確實有累加效應，可幫助組織往正確的大方向前進。

這點也同樣適用於雪山啤酒。我們的噱頭只是一連串事件的其中之一，而這一切都是為了建立品牌在美國中部的信譽。例如，我們還在森林中藏了一間快閃店，目標是另一個小麻煩（在這個例子中是指文青文化）。數以千計的飢渴消費者找到線索，成功抵達密蘇里州的森林。有些人甚至不遠千里，在將近37度的高溫下走完最後五小時。所有的人都是被終生免費啤酒的承諾所誘惑。

同樣的，活動本身並沒有改變世界，但確實再一次得到1.14億次的社群曝光，推動品牌前進。

別誤會我的意思。我認為真正的轉變通常來自處理比這些更大的問題。我在下一單元會對「艱難的遠大目標」（Big Hairy Audacious Goals）有更多討論。追求和長毛象一般遙遠巨大的目標並非永遠是正確答案，害蟲防治也很重要。

因此，如果房間裡沒有醒目的大象，不妨試著低頭看看牆角邊是否有老鼠吧。

召喚幸運

慣例說：小問題只會讓人分心，應該要忽略它們。

幸運說：惱人的小事、一團亂、令人尷尬的事都會累積。

問問自己：如何將一大堆小問題變成一連串小贏？

幸運的無聊

可以如何利用你身處的無聊行業？

你知道行銷中最倒霉的狀況是什麼嗎？「我們的品類關注率很低。」正如上奇廣告董事長理查‧杭汀頓（Richard Huntington）所說，這就是廣告業版本的「我的作業被狗吃了」。事實是，沒有一個行業真的備受矚目：所有行銷人員都該記住，比起自家品牌的枝微末節，普通人寧願花更多心思在其他事情上。

話雖如此，有些品類確實感覺比其他品類更無聊。比方說，勉為其難購買保險之類的東西；牛奶之類的家居常備品；令人聯想到家事的產品，像是廁所清潔劑和洗衣精。

如果不幸在這類產業中工作，你該怎麼做呢？

答案是：往好處想。因為按照定義，比起理所當然更有意思的產業，創意思考在低關注品類中更突出。

為了強調這一點，請想一下我們已經討論過的案例研究。我們已經看到「報稅其實不用這麼難」、殯葬業未必無聊得要死、麵包如何滿足全國的想像力、茶也可以「好的」很有趣。

現在，我們要回來看看其他案例。我原本可以用比較活潑的品類來說明這些，不過這些技巧同樣適用於低利潤的市場類別。例如，幸運的名字可以助無聊的產品一臂之力，像是廁所芳香噴霧噗噗麗（Poo-Pourri），幸運的吉祥物也同樣能做到（保險業中各式各樣的狐獴和壁虎就是證明），或是幸運的員工策略（Timpson的鎖匙店雇用更生人就是很好的例子）。

　　重點是，如果你的品牌所經營的品類被視為低利潤，請不要灰心。本書中列出的所有方法依舊適用，而且可能更甚於此呢。不過，這裡還有一些如何扭轉無聊壞運氣的方法。

　　首先，少談論自己。這與「打造品牌故事」和「始終保持活躍」的現代行銷建議背道而馳。用較深入的敘事方法說出一條生路相當誘人，但是切記這句一般認為出自伏爾泰的名言：「變無聊的祕訣就是全盤托出」。

　　師法Ronseal是比較聰明的手法。英國讀者應該知道，Ronseal生產各式各樣的木材染色劑、護木蠟、去漆劑和護木漆。這些產品本身簡直和盯著油漆變乾一樣無聊，不過卻因為極度樸實無華的廣告而出名。例如Ronseal快乾木材染色劑（Quick-Drying Woodstain）的廣告只說：「如果你有木材需要染色，而且希望快乾，那麼你需要Ronseal快乾木材染色劑。與瓶身上的說明完全一樣。」

　　好吧，我理解你可能不想如此直白。不過該品牌的口號從1994年使用至今，還被首相、喜劇演員和流行明星等名人引用呢。因此要思考如何層層剝去你傳遞訊息的過程，就像去除圍籬上的油漆。

　　再者，可以效法方濟各·若瑟·希德（Francis Joseph Sheed），這位坦率的天主教神學家曾說「避免對話無聊的方法就是要說錯話。」寶瀅洗衣精（Persil）的口號「塵垢讚」（Dirt is Good）就是很好的例子。用三個字就將枯燥的品類變成有趣的觀點。在你的行業中，你能說哪些最異端的話？

　　第三，重新定義產品的重要性。我們最近和芬味樹（Fever-Tree）一起做了一項小專案。這個通寧水品牌於2004年推出，在英國獲得巨大的成功。其中一個最聰明的手法就是讓人們重新思考「調和劑是酒精飲料中的無聊部分」的假設。品牌以絕妙的口號挑戰這個想法（我要強調這和我們一點關係也沒有）：

　　「如果你的調酒中有3/4是調和劑，那就要用最好的。」

　　你要如何說服人們，你的產品比他們以為得更重要？

第四，玩得開心就對了。如果這點非常顯而易見，請容我致歉。大量證據顯示，展現幽默感是最有效的創意手法之一，尤其是在低利潤的品類中。但反常的是，數據也顯示過去20年間幽默廣告的運用逐漸減少。

這是我們產業犯下的嚴重錯誤，不過對勇敢的品牌而言卻是絕佳的機會。我的意思是，過去十年中奪得最多獎項的廣告之一，是一支非常搞笑的鐵路安全宣導廣告，叫做「愚蠢的死法」（Dumb Ways to Die）。如果他們能從如此枯燥陰鬱的題材中擠出幽默，那我們其他人就沒有藉口了。

最後，如果你還是懷疑創意思考是否能讓任何題材變有趣，那麼讓我帶你看看我家附近的一個案例。兩年前，我正在珀斯郡（Perthshire）度假，那裡是蘇格蘭美麗風景的一部分，有很多事可以做，也有值得一看的東西。有一天，我開車經過艾柏費迪（Aberfeldy）附近的小村莊。與附近壯麗的景色相比，這個村子真是毫無可看性，而且村莊名字就叫做「Dull」（直譯：乏味）。

但是當我們經過時，發現標示看板上寫著這個地方「與美國奧勒岡的Boring、澳洲新南威爾斯的Bland是姊妹」。顯然這三個村莊已經建立起「枯燥的三位一體」，並在世界各地推廣彼此。

我認為這個點子真是太棒了，而且快速瀏覽線上的報導，就會發現這個創意極為成功。這證明了我的論點：你可以讓任何事物變得有趣，即使原料是「枯燥」（Dull）、「無聊」（Boring）和「平淡」（Bland）。

召喚幸運

慣例說：有些品類本身的關注率很低。

幸運說：創意的才華在枯燥背景下更突出。

問問自己：可以如何利用你身處的無聊行業？

幸運的混帳

該如何將仇恨和抱怨化為笑聲與讚美？

1976 年，白宮委託進行一項調查，研究美國公司如何處理顧客投訴。多年來，這項民意調查已經重複多次，2020 年的數據顯示投訴從首次調查以來，增加了超過一倍。

不過比原始數據更能呈現實際狀況的是，這項研究後來將名稱改為「顧客盛怒調查」（Customer Rage Survey）。這清楚反映出尖刻批評的增加，而不僅僅是數量的增加——這在很大程度上是由社群媒體驅使的。

像推特（Twitter）這類的管道對品牌來說是一大挑戰，因為抱怨是公開而非像過去那樣分散，還會迅速散播，通常會在傳播途中變得更加激憤。有時候，最初的問題會演變成更惡毒恐怖的狀況。例如，如果組織的回覆帶有歧視的味道，而不是單純糟糕的客戶服務。公司一不小心，可能還來不及反應就遭到全面抵制。

當然，就許多方面而言，這是好事。如果品牌表現差勁，必須受到批評並追究責任。若他們是無意的，那麼必須讓他們察覺到挫折，如此才能改進。如果組織對批評回應得很好，不少研究顯示，比起一開始就沒有任何問題，反而會帶來更大的滿意度。

因此，抱怨是可以逢凶化吉的經典例子。比爾‧蓋茲曾說：「最不滿意的顧客就是你最佳的學習來源」。

如果你是品牌主理人，應該鼓勵抱怨和投訴，分享、追蹤，並採

取行動。在一個超過70％的推特抱怨根本沒收到回覆的世界中，這會讓你超越大多數的公司。但，等一下。這一切是建立在顧客永遠是對的前提下。如果他們不是對的呢？

還有一種相對較新的現象，大眾不僅使用社群媒體批評品牌的顧客服務，還會在過程中發表偏頗的評論。這通常是回應社會責任的行動，比方說反對種族主義或恐同。身為品牌主理人，這一定令你很為難。

你是否無視仇恨言論並冒著被批評的風險，容忍冒犯性言論？或者你譴責他們，並接受自己將會失去另一個客群？

我的建議是，不妨向餐旅業學習。在這個行業中，經理很習慣阻擋或驅逐爛醉、不守規矩或令其他客人反感的顧客。社群媒體代表我們現在都像在同一間非常公開的酒吧中飲酒。因此，當你發現充滿敵意的無理顧客出現在你的網路地盤上時，就必須運用自己的判斷力。就像任何優質的房東，你應該允許合理的言論自由——但如果涉及偏激的仇恨，那就應該將他們拒於門外。如我前面所說的，如果你做對了，反而可以把爭端變成掌聲，無需用更激烈的言論和手段還擊。

事實上，你可能也不該這麼做。把仇恨轉化為正面的東西通常會更好——這就是為何我在2018年時發起名為「幸運混帳」（Lucky Bastards）的活動。

身為一名工作在某種程度上仰賴社群媒體的人，大屠殺紀念日信託組織（Holocaust Memorial Day Trust）的研究讓我很震驚，因為結果顯示社群媒體現在佔所有仇恨犯罪的59％。

滑過他們和其他組織收到的部分可怕訊息時，我的第一個直覺是，必須還以顏色。但接著我告訴自己，這樣只是在火上加油。因此，我想到一個新方法，將這些仇恨訊息變成給慈善機構的捐款。

「幸運混帳」是我們自己出資數千英鎊發起的行動。規則很簡單，瀏覽推特，尋找含有「混帳」（bastard）字眼的推文。（經過思考，我們認為無法解決所有仇恨言論，因此這是集中精力的好方

法）。接著我們會推文標註發布仇恨言論的人，彷彿他們贏得比賽：「感謝參加幸運混帳！」

如果他們說了「混帳同性戀」之類的話，我們就會得意洋洋地告訴他們，我們會將這些訊息變成10英鎊，捐給LGBT慈善團體石牆（Stonewall）；如果他們抱怨「混帳移民」，這筆錢就會捐給難民委員會（Refugee Council）；如果他們厭女，我們就會捐款給女性平權黨（Women Equality Party），以此類推。

只要有可能，我們都會努力讓回覆變得搞笑有趣，這樣會讓推文更容易分享出去。舉例來說，有人抱怨「該死的混帳移民」時，我們會捐款給提供難民中心衛生用品的慈善機構。

我們還會讓仇恨推文與當地產生連結。比方說，某個在曼特斯特的傢伙罵「混帳穆斯林」燒了巴黎聖母院的時候，我們會指出那不是事實，並且把錢捐給他家附近曾遭縱火的清真寺。

我們的標誌是一個笑容燦爛的表情符號，每一則推文都會附上一個吻，強調我們的正面立場。

這種不同尋常的手法不僅讓仇恨者驚慌失措，還在網路上受到大量支持。人們似乎很欣賞這種提升格調而不是降低水準的期望。慈善團體會在推特上表示感謝，常常推文說這些小小的善意讓他們開心一整天。唯一不開心的人是我的銀行經理（顯然這個帶髒字的名稱害他收信變得很麻煩）。

活動帶來的總金額與大局相比顯得微不足道，在惡意的汪洋中也僅是滄海一粟，不過善意讓一切都值得了。

更重要的經驗是，仇恨可以成為你的朋友，而不是敵人。與其忽視或正面攻擊仇恨言論，何不把它變成正面的東西呢？

召喚幸運

慣例說：不該讓負評引起人們的注意。

幸運說：你應該要接納負評，從中學習。

問問自己：該如何將仇恨和抱怨化為笑聲與讚美？

幸運的鉛筆

怎麼做才不會讓你的品牌
被視為理所當然？

第三單元中的大多數故事都是有不太幸運的開場。不過有時候，厄運會隱藏真面目。

事實上，一如我的事業夥伴海倫最愛說的，自滿很可能是企業最大的威脅。但是這點卻比較難發現，因為通常是隨著榮耀而來。沒有危機促使緊急改變方向，沒有要克服的障礙，只有沖昏頭的勝利快感，彷彿會持續到永遠，直到成功不再。這就是為何這種特殊的威脅如此致命，值得用單獨篇章說明。

當然，尤利烏斯·凱撒（Julius Caesar）深知榮耀與滿足於美好現狀的風險。每當他凱旋歸來行經羅馬的大街小巷時，馬車上總有一名奴隸跟著他。當群眾高呼凱撒的名字時，奴隸會將桂冠戴在他的頭上，不過奴隸最重要的職責是在這位皇帝的耳邊低聲說：「Hominem te memento」（大略翻譯成「記住你只是凡人」）。

歌手李奧納·柯恩（Leonard Cohen）也曾說過類似的話。他在登台之前，總會要整個樂團吟唱「Pauper sum ego, nihil habeo」，意思是「我很窮困，我一無所有」。對一名擁有4000萬美元淨資產且多次獲獎的藝術家而言，這當然不是事實，但是你懂我的意思就好。

不過這類故事中，我最喜歡的是關於傳奇足球總教練布萊恩·克拉夫（Brian Clough）。克拉夫是出了名的務實北方人，因此這個故事中沒有拉丁文。然而，他強烈認為他的球員必須腳踏實地。

克拉夫擔心諾丁漢森林隊(Nottingham Forest)的隊長史都瓦特・皮爾斯(Stuart Pearce)可能變得自以為是了。因此當皮爾斯從第一場英格蘭球賽回來時，克拉夫集合整個球隊歡迎他的歸來，但是球員們對克拉夫放在更衣室中央的塑膠袋感到很困惑，裡面似乎裝著沉甸甸的東西。要是他們以為那是獎盃之類的東西，一定會很吃驚。

「我們的隊長是個騙子。」克拉夫對整屋子不知所措的球員說。

「你的意思是？」皮爾斯困惑地問道。

「上星期的賽程表，第九頁左下角有一則廣告『史都瓦特・皮爾斯電氣』。年輕人，你自己解釋一下吧。」

仍然滿頭霧水的皮爾斯聲明那是他們的家族事業，家人只是用他的名字當招牌。

克拉夫並不滿意：「如果我老婆芭芭拉打這支電話，你會接嗎？如果我家的燈泡壞了呢？」皮爾斯承認他不會接，顯然接電話的會是他的哥哥。「那你就是騙子。」克拉夫拿起塑膠袋，從裡面拿出一個電熨斗，繼續說道：「正好，我老婆的熨斗壞了。星期六之前修好，不然你就別踢了。」

克拉夫的強硬作風(以及少許性別歧視)在今日也許會讓我們有點不安。但是說句公道話，皮爾斯不僅修好熨斗，後來還成為森林隊上場次數最多的球員，最終成為他們的總教練。

總之，重點是要收斂克制自滿的情緒，無論是透過低語、吟唱，或是壞掉的家電。

聰明的公司很清楚這一點，會留意任何懶散的跡象。但如果自滿是來自外界呢？這也是普遍的問題，由於品牌實在太常見，受眾因而把品牌視為理所當然的存在。

幾年前，我們和D&AD (Design & Art Direction)合作。D&AD是成立於1962年的非營利組織，旨在促進英國的「設計與藝術指導」。如今他們已經成為全球性組織，在創意傳播產業中做了許多很棒的事，不過最家喻戶曉的是他們的鉛筆造型獎座。

事實上，許多創意人都會告訴你，D&AD的鉛筆獎（Pencils）是該領域中最頂尖的獎項。

獎項不像坎城影展那樣在華麗的盛會上頒發；可能也不像IPA（廣告從業者協會）或艾菲獎（Effie Awards）和行銷成果有關；也許不若威比獎（Webby Awards）有現代感。但是鉛筆獎讓創意人夢寐以求，因為頒發的名額實在太少了。這點可以回溯至第一屆活動，超過2500件參賽作品被無情地淘汰到剩下16件作品獲得鉛筆獎。

難題在於鉛筆獎的歷史悠久，因此很容易被視為理所當然，世界各地的廣告公司櫃子上都有鉛筆獎盃，簡直成為許多公司的家具之一。

隨著不斷有更新更耀眼、也更容易贏得的獎項推出，D&AD的參賽作品也越來越少。我們的任務就是要扭轉這個趨勢，提醒全球的創意社群，鉛筆獎始終是表率。為了達到目的，我們必須解決圍繞在鉛筆獎周圍的自滿。

於是我們決定偷走鉛筆獎。

我們的概念是建立在一句老話上：失去才會懂得珍惜。我們在世界各地的廣告公司中召募共犯，包括私人助理、前員工、朋友的朋友等等。然後在2016年1月11日，我們上演一場天衣無縫的偷竊。從舊金山、開普敦、里約到墨爾本，我們的幫手潛入辦公室，突破櫥櫃，偷走數百座鉛筆獎盃。

接下來的幾天，世界各地的創意人員開始想知道他們最珍愛的獎盃到底去哪了。從擔心、傷心、困惑到憤怒，出現各式各樣的情緒。發給全體員工的電子郵件開始到處傳播（我們的間諜轉寄給我們）。D&AD收到來電（我們都錄下來了）。在幾個例子中，對方差點報警（幸好我們的共犯讓事情冷靜下來）。

四天後，我們的受害者才開始意識到發生更離奇的事情。他們在社群媒體上發現其他國家的朋友也有同樣遭遇。事態即將要一發不可收拾之前，我們揭露了整場精心計劃的惡作劇。

整個事件提醒人們這些鉛筆獎有多珍貴，最後D&AD獎的參賽作品數量也增加了。

不過正如職業偏執狂海倫的警告:「可別就此自滿。」

召喚幸運

慣例說:成功的公司不會遭受厄運。

幸運說:自滿是行銷中最致命的威脅之一。

問問自己:怎麼做才不會讓你的品牌被視為理所當然?

第四單元
練習變得幸運

傑夫·貝佐斯有一雙幸運靴，是一位朋友在 2016 年送給他的。現在每次發射他的藍色起源（Blue Origin）太空船時，他都會特別強調正穿著那雙靴子。他非常認真看待這件事，因為唯一一次計畫失敗時，他剛好忘記穿那雙靴子。

這雙靴子的有趣之處在於上面有一句拉丁語標示：「Gradatim ferociter」，可以翻譯成「步步前行，無所畏懼」。貝佐斯在某次訪談中曾經解釋：「這是藍色起源的箴言。基本上你不能跳過步伐，一定要把一隻腳踏在另一隻腳前面，事情需要時間，沒有捷徑，但是你的每一步都要帶著熱情和勁道。」

我非常喜歡這句話。一如許多偉大的創意，其中都有顯而易見的張力：在這個例子中，就是在頑強的方法論態度與對速度的迫不及待之間的張力。不過很明顯這對貝佐斯很受用，也為本書最後一單元鋪陳。

現在該來談談建立幸運文化，其中結合了嚴謹和熱情，提高事業路途中每一步的幸運機率。

如你所見，我在前面的篇章中探討過珍惜擁有的一切、往別處尋找機會，以及化險為夷的重要性，然而這些很可能仍是被動的觀察。

光是慶幸自己的優勢、坐等機會出現，或是危機降臨後才行動，這樣是不夠的。你需要天天以凌厲的紀律，實踐提前行動的原則。

最關鍵的是，光是努力提升核心能力是遠遠不夠的。我會證明，對完美的不懈追求很可能會適得其反。我指的是騰出空間以實踐運氣本身。

在本單元中，我會推薦一些帶來好運的習慣，能夠為你增加勝算。我會探討設定目標的重要性，這些目標要能夠把你推向極限但不對你造成傷害。我會強調取捨、改變規則與破除障礙的必要。我

會強調魔法、魅力、慷慨和隨機連結的力量。最後我要提醒你，幸運就像魔鬼，都藏在細節裡。

以處女作《喜福會》(*The Joy Luck Club*)出道的作家譚恩美認為「你引來好運是因為你追求好運」。同樣的，史蒂芬‧金(Stephen King)也認為：「業餘寫作者枯坐等靈感降臨，我們其他人則是起床就開始寫作。」我們都能以他們為榜樣。

那你還在等什麼？動手開始練習變幸運吧。

幸運的一擊

如何快速達到 90%，然後實現概念？

前英格蘭板球選手艾德·史密斯（Ed Smith）曾寫過一本很棒的書，叫做《好運：對於運氣的新觀點》（*Luck : A Fresh Look At Fortune*）。他在書中以運動觀點探討機會的主題。大部分的時候，他似乎認為運氣是無法改變的，不過在書中他講了一個故事，感覺帶給我們所有人一點點希望。

這則故事是關於高爾夫球選手柯林·蒙哥馬利（Colin Montgomerie）。外號「蒙提」（Monty）的他贏得31場歐洲巡迴賽，比任何一位英國選手都多。不過和我們的主題相關的是，他在歐洲巡迴賽上一桿進洞的次數比任何選手都多（高達驚人的九次）。史密斯在著名的鷹谷（Gleneagles）球場上遇見他，球場就在蒙哥馬利成長處的附近，並詢問他的成功祕密。

這名前萊德盃（Ryder Cup）隊長非常誠實：「將寬1.68英吋的球直接打進200碼外寬4.25英吋的洞杯嗎？當然需要運氣才能辦到。想一下這顆球在一桿進洞的過程中會遇到什麼事。球會飛過風，彈到地面，沿著草皮滾動。你無法完全控制球的彈動或是在草地上滾動的路線。我們實話實說吧。讓球靠近洞口是技巧，把球打進洞裡需要運氣。」

艾德·史密斯引用這段話作為主要論點的證據：即生活中有些事情是你可以掌控的，有些事則無法。

當然啦，整體而言我是接受這個論點的，顯然很真實。但是且慢，我認為真正有趣的是這則故事接下來的部分：蒙提解釋職業高

爾夫球選手並不會真的以一桿進洞為目標，他反而揭露選手們會試圖讓球上果嶺：距離洞口下方一英尺左右。

如此他們就有機會在上坡輕鬆推桿，如果選手太過追求精準，最後反而可能要在洞口上方以更困難的下坡推球。正因如此，蒙哥馬利承認大部分的一桿進洞（依照他的推估，包含那九球中的七球）其實是僥倖進洞的壞球。當然啦，他和所有高爾夫球手一樣，當下都很開心，但實際上在回合中、巡迴賽或整個職業生涯中，他很清楚稍稍偏移目標會帶來更好的成績。

另一名高爾夫球選手曼希爾‧戴維斯（Mancil Davis）的故事似乎也支持這個理論。不同於蒙提，諸位大概沒有聽說過戴維斯，不過這名來自德州的前職業選手在整個職業生涯中打進51個難以置信的一桿進洞。他無視一般認知，直接瞄準果嶺旗。問題是，這種對即刻完美的追求也讓他造成許多失誤，這表示戴維斯從未超越老手的地位，他的響亮名號「一桿進洞之王」（King of Aces）也只有高爾夫軼事愛好者知曉。

這兩種迥異的高爾夫球生涯令我著迷，因為這表示比起追求完美（瞄準一桿進洞），做得夠好（讓球上果嶺）反而是持續成功的更有效的途徑。最重要的是，我認為這個教訓也能應用在商業世界。

現在，我應該直接了當地說，我並不是主張要懶散或降低創意的野心。我們都應該以偉大出色為目標，並盡可能持續推行想法。

然而，追求完美有時候卻會造成反效果。舉例來說，這會創造出一種什麼事都做不成的文化而打擊士氣，因為一切都在研究中、正在確認中，或是董事會要重新考慮。這也可能導致不必要的延誤，同時間令競爭對手有機可趁。或是因為不讓想法在真實世界中進行測試，過度保護而阻礙學習。

其實，在某些組織中，要求完美用來當成故意無所作為的策略，以想要做得更好作為掩飾。要反對精益求精是很難的事，因為可能會被認為草率馬虎。再委託研究一次、多遊說幾位股東，或是再看一遍腳本，這樣肯定不會錯對吧？

　　這些準完美主義者侃侃而談要如何磨練、微調或修飾，但往往只是在打磨原始概念的邊邊角角，就像用砂紙把漂亮的石頭磨成粉塵。

　　這是我的創意夥伴丹尼特別討厭的一點。他的標準高得離譜，但又愛引用傳奇創意總監保羅・亞頓（Paul Arden）的話，亞頓曾建議一個好點子是「會成功的。如果不會，那就不是好點子。」換句話說，在80%或90%可行的情況下推出一個概念，絕對比冀望概念可以達到100%完美而不做要好多了。

　　另一位運動界的偶像，利物浦隊的比爾・尚克利（Bill Shankly）也保持相同的觀點。雖然他的球員有許多精彩得分，不過他建議他們不要採取過度複雜的動作，別等著萬事俱備才射門，或是試圖踢出上角球。取而代之地，他告訴球員：「如果你在禁區，不確定該怎麼，往球門踢就對了，之後我們再討論你的選擇。」這也同樣是重視實踐大於完美的哲學。

　　一些現代足球隊可以從中學習，因為他們沉迷於照本宣科的精心安排，卻沒有最終成果。這些也值得部分行銷人員師法。偶爾打出一桿進洞或是精彩射門固然很棒，不過若想要贏得錦標賽，那就要優先在果嶺上推桿或在小禁區內抓住可以射門的所有機會。

召喚幸運

慣例說：每件事、每一次都力求完美。

幸運說：堅持100%可能會適得其反。

問問自己：如何快速達到90%，然後實現概念？

幸運的目標

你的品牌的真正使命是什麼：
你的員工每天是為什麼起床？

　　有一集精彩的《週六夜現場》(*Saturday Night Live*)短劇可以充分說明現代行銷，而且不是正面的描述。

　　兩家廣告公司正在為奇多(Cheetos)的超級盃看板比稿。亞歷·鮑德溫和艾迪·布萊恩特飾演的Murphy & Kennedy公司先開始。他們煞有其事地演出真誠的腳本：「一個移民小女孩開場。她滿身塵土，非常疲憊，走了好遠的路。她抬頭仰望，看到……一堵牆。她該如何跨越那道牆？牆頭冒出一名男孩，拋下一根繩子……不過繩子是美國國旗綁成的。女孩爬上繩子，第一次看見她的新國家……她哭了。畫面快速切換……奇多。」

　　對一包乳酪口味的零食來說，這實在浮誇到可笑，然而客戶團隊卻非常喜歡。相形之下，他們不喜歡A.K. Foster（由凱爾·穆尼和梅麗莎·維拉薩尼奧飾演）的心血，即使他們的提案呈現出以更直接的方式銷售產品。

　　兩間廣告公司又較勁了兩回合，Murphy & Kennedy的概念越來越荒唐：「開場是戴著寬沿帽的墨西哥男人。他摘下帽子，底下是一名穆斯林女人。穆斯林女人拿下頭巾，底下是一個猶太人。猶太人取下小圓帽，底下是奇多。」客戶依舊比較喜歡他們的提案，而不是A.K. Foster的實在提案。最後Murphy & Kennedy提出一個廣告概念，其中「沒有演員、沒有化妝、沒有台詞、沒有燈光、沒有

道具、沒有服裝、沒有攝影機⋯⋯沒有奇多。」行銷人員欣喜若狂，這根本是在麥迪遜大道上演的《國王的新衣》。

喜劇演員們開始在週六夜晚的黃金時段電視節目上嘲笑你的產業時，你就知道產業出問題了。在這集短劇中的狀況，問題出在褻瀆「品牌宗旨」（brand purpose）。

這個概念可以說是1994年隨著詹姆・柯林斯（Jim Collins）與傑瑞・薄樂斯（Jerry I Porras）的《基業長青》（*Built to Last*）一書出版而誕生。這本影響深遠的著作表示，世界上最成功的公司皆執著於「艱難的遠大目標」（Big Hairy Audacious Goal），簡稱BHAG。

平心而論，柯林斯與薄樂斯許多案子的任務都是高度商業化，並與主導產業或擊敗競爭對手之類的目標有關。但是隨著時間過去，這個概念越來越大，開始具有更有份量的社會抱負。結果使命慢慢進入達到世界和平或是消弭冷漠的領域，比BHAG更BWAG（Big Wolly Amorphous Goal，模糊無特定方向的遠大目標）。

雖然說了這些，不過我確實相信激勵人心的宗旨能夠提升品牌的成功機會。我已經提過好幾家以此為目標的公司，包括Oatly、Co-op、迪士尼與Hostelworld。

不過在追隨他們艱難的大膽腳步之前，你要先小心踏出，檢視所提出的宗旨是否符合某些關鍵標準。

首先，使命應該要建立在組織的原則上。最理想的狀況，就是如實描述創辦人的目的。

例如Warby Parker可以探討「好的眼鏡，好的結果」（good eyewear, good outcome），因為他們從品牌成立開始，每售出一副眼鏡就會捐款給非營利組織。如果目的是後來加上的，那麼至少應該要能夠確切反映組織目前的價值與行為，可以闡述品牌原則，而不是像許多公司試圖以目的取向的行銷手法掩飾。

接著要提出恰當的品牌宗旨定位。我的意思是，這個部分應該要展現足夠雄心以激勵員工和顧客，但又不能遠大到與產品失去連結。舉例來說，BBC宣稱能夠「讓人們的生活更豐富」很有可信度，

因為他們提供「訊息、有教育意義與娛樂性的節目與服務」，不過這對絕大多數的品牌而言都是延伸。因此，在你追求更高階的花俏利益之前，先冷靜一下才是明智之舉。

另一個要求則是以獨特的語言表達宗旨。雖說這些構念的意義在於捕捉各個獨立組織的明確動機，怪的是它們卻都如此相似。

這些策略通常以「讓人與人的關係更緊密」或「賦權於民」這類老掉牙的主題，用浮誇的宣言呈現。廣告也使用同樣的調性（濫情、傷感、假裝勵志），甚至混合這些調性，搭配喜悅動人的鋼琴聲、社會實驗和街頭採訪片段。像Channel 4那樣敘事反而更好，該頻道最初的使命只是專注在「製作麻煩」。

最後，品牌宗旨應該是對整個組織的長期承諾，而不是策略行銷的一部分。例如名人郵輪（Celebrity Cruises）相信進步的力量和旅行能夠讓人們的視野更寬廣。但他們不只是在廣告中展現這一點——他們雇用女性船長和工程師、倡導LGBTQ+婚禮、不歡迎種族主義的乘客等等。

正如他們激勵人心的總裁兼CEO麗莎·盧托夫－佩羅（Lisa Lutoff-Perlo，首位經營大型郵輪公司的女性）說，這不是一次性的活動，而是「我們每天都在努力的目標」。

我們的觀點是，如果你滿足所有這些標準，那麼你很幸運。你擁有一個真實、適切、獨特且長期的社會宗旨。你可以運用這個宗旨激勵組織上下，啟發潛在的顧客。

但如果不完全滿足這些標準，也別灰心。社會宗旨並不是萬靈丹，而且組織把它作為萬用解藥的時候，反而常常毒死自己。與其編造一個員工不相信、顧客也覺得荒謬的虛假使命，不如調整你的目標。

例如美泰兒（Mattel）的存在是「為了成為今日與明日最優秀的玩具品牌」。Nordstrom的出發點是「提供顧客最美好的購物體驗」。美國運通（American Express）力求成為「全球最受尊敬的服

務品牌」。這些都是充滿雄心壯志的目標，但是卻以更直接的商業語言表達。這樣也沒關係。

我最喜愛的使命宣言之一當屬TED，用四個字就完美概括一切：「傳播思想」（Spread ideas）。提到這一點，我們應該要宣傳，品牌宗旨什麼形狀大小都有──就像奇多一樣。

召喚幸運

慣例說：每個組織都應該要有崇高的社會宗旨。

幸運說：啟迪人心有各式各樣的方法。

問問自己：你的品牌的真正使命是什麼：你的員工每天是

為什麼起床？

幸運的玩水

如何將戰場移動到更適合你的地方？

那是1958年，尼基塔·赫魯雪夫（Nikita Khrushchev）到北京造訪毛澤東。這原本應該是一趟共產聯盟之間的友好之旅，然而兩位領導人並沒有同志情誼，他們在意識形態與外交政策上皆沒有共識。這些分歧可能會破壞他們讓全世界社會主義化的共同願望，因此召開一場會議以協商解決問題。

這名蘇聯第一書記在準備會談時，對自己的談判立場信心滿滿。這也難怪，因為在過去兩年間，他鎮壓了匈牙利革命，並成為蘇伊士運河危機的勝利者。他還發射第一顆人造衛星「史普尼克」（Sputnik）震驚全世界。因此赫魯雪夫是在權力的全盛時期前來中國談判。

相較之下，毛澤東處於劣勢。中國在這段關係中仍是新手，而且他意識到如果進行一般辯論，他一定會不堪一擊。於是他決定讓對手措手不及（或是像毛澤東說的：用針扎他的驢子屁股）。

接下來發生外交史上最令人意想不到的事件之一。蘇聯團隊抵達會談現場時，他們發現毛澤東把地點改到他在中南海的私人泳池了。赫魯雪夫對此當然一頭霧水，不過仍改變路線，繼續在車上演練他的論述。

直到抵達了泳池，他才發現事情非常奇怪。毛澤東身穿浴袍，遞給他的對手一條不合身的泳褲。赫魯雪夫覺得很困窘，因為他的身材走樣得很嚴重，而且不會游泳（毛澤東非常清楚這一點），可是他堅決要保全面子，於是跟著對手下水。

　　赫魯雪夫希望泡泡池水只是正式協商的前奏，然而並非如此。這是一大失誤。與赫魯雪夫相比，毛澤東的體格好多了，還是游泳健將（他後來在72歲時聲稱自己打破世界紀錄），因此在水中來去自如，扔下赫魯雪夫在淺水區撲水。他一邊游，一邊抬頭命令蘇聯翻譯官小跑步跟在一旁，然後向他們受屈辱的領導回報翻譯。

　　根本就沒有談判桌。這裡就是談判桌。

　　赫魯雪夫看起來不再是地球上最有權勢的男人，而只是一個又矮又胖的老傢伙，而且就各種層面上都滅頂了。另一邊的毛澤東則得意的要命，他的論點全部都贏了，並給對手一副兒童用充氣臂圈讓勝利更加美妙。

　　一些歷史學家認為蘇聯的終結與中國的崛起歸因於這個時刻。

　　這則故事提醒我們，改變條件就能擊敗更強大的對手。我們常常任由其他人主宰戰場，按照對方選擇的時間，在他們的場子上，按照他們的遊戲規則，而我們用自己的觀點逐步回應他們的論點。問題是，當較強大的人選擇環境與時間的時候，我們絕少能夠獲勝。一如毛澤東，我們必須將論點轉移到完全不同的地方。

　　理查・布蘭森向來很明白這一點。我回想起我們如何為維珍假期創造出「搖滾巨星服務」。這就是水平移動的典型例子：我們沒有試圖打敗五星級服務，而是將戰場搬到完全不同的領域，只有維珍才能獲勝。

　　現在我想聊聊為布蘭森帝國的另一個部門工作的經過。

　　寫下這篇內容時，維珍航空（Virgin Atlantic）正在經歷嚴峻的動盪。不過在1990年代晚期時，維珍遙遙領先主要競爭對手英國航空（British Airways）。

　　雖然布蘭森在航空產業毫無經驗，他仍在1984年創辦自己的航空公司。1997年我為該公司的廣告案子工作時，維珍航空已經奠定自身可靠、活躍、具挑戰精神的品牌地位。布蘭森尤其擅長從側面包抄比自己更大型的對手，而不是正面迎擊。

例如他並沒有打造稍微舒服一點點的經濟艙座位，而是提供冰淇淋讓乘客在看電影的時候享用。

同樣的，他沒有依循一般頭等艙和商務艙命名的慣例，而是引入叫做「上層艙」（Upper Class）的東西，也就是「以商務艙的價格獲得頭等艙的服務」。他不僅為商務旅客打造更出色的設備，還加入司機服務與免下車登機報到，還有機上酒吧與按摩可供選擇。他甚至還以胡椒罐和鹽罐增添吸引力（瓶底刻有「偷自維珍航空」的字樣）。

雖然英航的飛航路線更大，忠誠度計畫更好，而且服務極為專業，卻開始顯得過時又沒有想像力。

「英航不提供指壓。」

我們在其中一支廣告中得意地說。每當英航試圖超越時，布蘭森就會退到一旁，然後將話題轉移到別處。

有一次我親眼看到他在史基浦機場（Schiphol Airport）機棚中展示一張雙人床。不同於他大部分的革新舉措，這是純粹惡搞。這張床單純是隨意拼湊以打擊英航重新推出的商務艙（Club World）。英航的商務艙可是史上第一張可完全攤平的床，布蘭森知道自己不可能打敗它。因此，與其在產品上打一場沒有勝算的仗，他發動一場知道自己必勝的戰爭，那就是宣傳戰。

他召集所有能找來的記者，帶所有的人飛到阿姆斯特丹。然後丟給記者一個簡單直白的標題「嗨翻俱樂部」（mile high club）。確實不是很優雅，但就如《Campaign》的編輯指出，這簡直是「一堂公關大師班」，帶來了鋪天蓋地的報導。

同時間在倫敦，英航執行長鮑伯·艾令（Bob Ayling）正在市區某間機構中開自家品牌的發表會。他一身得體的西裝，談論一項非常重要的創新，然而卻沒人看。他就像穿著過大的泳褲，戴著兒童用充氣臂圈，在北京泳池的淺水區載浮載沉。

召喚幸運

慣例說：市場領導者才能選擇戰場。

幸運說：嘗試水平思考，將衝突轉換到你選擇的領域。

問問自己：如何將戰場移動到更適合你的地方？

幸運的惡作劇
你可以使出哪些把戲戰勝敵人？

2020年6月20日，唐納·川普在奧克拉荷馬州的土爾沙（Tulsa）舉行造勢大會。那是一場極具挑釁意味的活動，就算以川普的標準而言亦然。因為這座城市正是以屠殺非裔美國人而惡名昭彰，而且前一天還是解放黑奴紀念日。隨著喬治·佛洛伊德（George Floyd）被殺後局勢日益緊繃，再加上新冠肺炎席捲全國，川普提供免費入場並放話一定會全場人潮爆滿，進一步煽風點火。

「共有將近100萬人索票，但場地只能容納1萬9000人。」6月15日時他如此吹噓。然而快轉至五天後，僅有6200人出席。

後來發現，這次群眾大規模缺席的主要因素是川普被惡搞了。無以數計的TikTok使用者和K-pop（韓國流行音樂）粉絲已經搶光免費門票，而且完全不打算出席。

事實上，他們的目的是想要提高川普的期望然後使其破滅，藉此羞辱他。雖然並沒有完全如他們希望的，看見川普獨自一人在現場，不過BOK中心每一張空蕩蕩的藍色座位都被全世界視為最相襯的報應。

導演艾德·莫里斯（Ed Morris）稱讚這番驚人妙計證明，青少年正在創造的想法「把所有品牌遠遠甩在後面」。

我對這個觀點深有同感。如我在前面篇章提到的，年輕人不受我們其他人在成長過程中隨之而來的預設立場妨礙。他們不會總是按理出牌，或是至少，他們不會遵守法律精神。

　　川普造勢大會的狀況就是這樣：青少年的行為並沒有任何違法之處。他們只是以令人詫異的方式利用條約和條款。

　　不過，並非所有品牌都遠遠落後於最新概念。

　　幾年前，我們為特立獨行的愛爾蘭彩券商Paddy Power（現在是全球最大線上博弈公司Flutter的一部分）下了許多功夫。該品牌的領導團隊將自己視為娛樂產業，而非博弈產業。或者如創辦人之一史都華‧肯尼（Stewart Kenny）愛說的：「我們會拿走你的錢，但是也會帶給你歡笑。」

　　可以想見，這成為非常不尋常的企業文化。

　　搗蛋部門（Mischief Department）是該公司的中心，唯一的職責就是在體育界開玩笑和引發爭議。我們對體育界耍了各式各樣的把戲，像是在競爭對手的地盤上立起足球總教練的雕像啦、發起競標以接管FIFA啦、在大型賽事之前發文酸外國大使等等。我們甚至試圖搶救丹麥動物園中一頭即將被安樂死的長頸鹿，把牠送上英國賽馬場（我們最後沒有獲得允許，不過我們非常有信心牠絕對能以一頸之差獲勝）。

　　總之，2014年初某一天，Paddy Power的搗蛋主管（我們全都認同這是最讚的工作頭銜）找上我們。哈利‧德洛梅（Harry Dromey）是一個非常有趣又極富創意的人，而且他有個大略的想法，精彩程度堪比他那些最瘋狂的點子。

　　那年夏天世界盃足球即將在巴西舉行，英格蘭隊要在亞馬遜深處的馬瑙斯（Manaus）進行第一場比賽。Paddy Power並沒有正式參與世界盃（他們比較喜歡突襲活動，而不是按照規定註冊成為正式贊助商），不過該場合預計將成為該公司史上最大的商機。哈利想知道我們是否能透過看似在珍貴的雨林上砍倒樹木刻出訊息，來搶盡鋒頭。

　　我們的心情很複雜。一方面來說，我們承認這一定會成為頭條。但是另一方面，這個噱頭感覺很空洞。

　　我們討論了結合搗蛋和使命的必要性：不只是為激怒而激怒，

而是為了做好事。我們思考是否能以更有趣的方式說故事，讓人們真心感到意外，而不是證實他們懷疑 Paddy Power 會不惜一切只為吸引注意力。哈利覺得這個點子聽起來很不錯，於是我們動工了。

快轉到 2014 年 6 月 6 日，那天是星期五。我們選擇這一天，因為那是英格蘭隊第一場比賽的前一週，也就是所有球員都會被關在訓練營裡、缺乏新聞的時刻。那天夜裡，我們故意在暗網上洩漏一些照片，很謹慎不留下能找到我們的蛛絲馬跡。照片看起來像從直昇機拍攝的雨林，用斗大的字母砍出訊息：「C'mon England. PP.」（英格蘭加油。PP。）

這真的驚世駭俗，而且就是該有這種效果，我們過去兩個月在全世界最頂尖的特效藝術家的協助下造假圖片。

這些圖片花了一些時間才從我們當初放置的微網誌流出。有些來源沒有下文，有些則根本沒有引起任何騷動。然而隔天下午（基本上就是美國人開始逛 Reddit 的時候），這件事開始在所有社群媒體上引爆。幾個小時內，我們就完全陷入推文風暴（Twitterstorm）了。

專家爭相證實這些照片是真的（我們很高興研究人員將正確的樹種、直升機的高度與太陽的位置都考慮進去了）。環保團體表達他們的憎惡（我們回答：「我們沒砍那麼多樹啦！」）我們甚至收到死亡威脅（包括一個令人難忘的環保運動人士，希望我們「死於披衣菌」，我們覺得這在醫學上不太可能，不過其願望具體地值得嘉獎）。

接著，經過 24 小時的煽風點火後，我們在星期天揭曉真相：我們沒有砍倒任何雨林中樹木，事實上，我們希望提高人們對雨林破壞的意識。畢竟「每 90 分鐘就有一片相當於 122 座足球場的雨林被砍伐，根本沒人在意。」

然後我們將人們導向綠色和平組織（Greenpeace，他們一直在幕後非正式地提供我們建議）。前一天還在用力譴責我們的環保運動人士，現在呼籲應該讓我們加薪，並授與爵位（結果兩者都沒有）。

總而言之，#ShavetheRainforest（#夷平雨林）在推特上共有3500萬次曝光，Paddy Power則成為世界盃討論度最高的品牌。這很可能是我們的職業生涯中最恐怖的週末，不過我們以出發點良善的手法運用地球上最巨大的威脅，我想所有的行銷人員都可以從中學到一兩招。

召喚幸運

慣例說：遵守遊戲規則。

幸運說：運用巧妙手法可以提高勝算。

問問自己：你可以使出哪些把戲戰勝敵人？

幸運的鞋帶
你可以分享什麼，
讓你的構思更進一步？

讓我們繼續討論Paddy Power，這是另一項進行中的「搗蛋任務」。#夷平雨林的幾個月後，我們與該公司的行銷長進行了一場非常有意思的對話。

就某方面來說，克里斯汀・沃爾芬登（Christian Woolfenden）一點也不像是會在彷彿瘋人院的Paddy Power工作。他的第一份工作是在較保守的寶僑（Procter & Gamble）擔任會計師，不過就像他愛說的，在彩券公司工作時，數學就會變得很實用。

這次面會，我們討論了一場反對英國足球恐同的宣傳活動。我們在前一年與主要的LGBTQ+慈善團體「石牆」合作推出廣告。這個概念是將彩虹鞋帶發送給英國國內的所有職業足球員，並請他們穿上鞋帶以支持LGBTQ+同仁。

當時，彩虹鞋帶（Rainbow Laces）是真正的低成本行動（我們的年輕創意團隊加瑞斯和馬汀兩人不僅寫出廣告，還親手將鞋帶塞進信封）。這場活動一開始在足球界中也遭遇一些阻力，但是到了第二年，這個活動大獲成功，許多其他品牌也想表示支持。

這就是我們要討論的。一般的答覆會是禮貌拒絕，畢竟Paddy Power要費盡千辛萬苦才能推動這件事，但是克里斯汀以不同的角度看待數字。他說：「我寧願成為大事中的一小部分，也不願變成小事中的重要部分。」

這個想法意味著那年共有超過40個品牌（以及72個足球俱樂部）參與。六年後，彩虹鞋帶成為整個英國足球界認可的年度活動。溫布萊球場（Wembley Stadium）的拱門亮起彩虹，鞋帶也成為英國人最愛的肥皂劇故事情節。雖然Paddy Power仍參與其中，不過實際上已經將活動的掌控權移交給大眾，結果公司反而獲得更多讚賞。

我認為這顯示好運的一大矛盾：那就是你可以透過分享幸運以增加自己的好運。私藏自己的勝利確實是很大的誘惑，然而將勝利散播出去，反而可以贏得更多。

現在讓我們回到巴西，不過不是要去雨林，而是去我們在聖保羅的姐妹公司Lew'Lara/TBWA。

那是2015年，世界盃的風潮已經消退。尤利西斯·拉札波尼（Ulisses Razaboni）和雷昂洛·彼內羅（Leandro Pinheiro）在辦公室工作到很晚。他們已經完成所有例行工作，正在為視障慈善組織構思點子。當時將近午夜，他們倆都累壞了。然後雷昂洛盯著滿是點字字母的電腦螢幕，轉向尤利西斯。「嘿！你有發現這些點字看起來很像樂高積木嗎？也許我們可以用樂高積木當作字母來教導眼盲的孩子？」

快轉到一些粗糙的原型，以及粗暴的回絕。

第一，慈善機構拒絕他們，因為他們的目標受眾是視障人士，而不是全盲人士。於是尤利西斯和雷昂洛把這個點子帶到他們城市中全巴西最大的慈善機構：多麗娜·諾威爾盲人基金會（Dorina Nowill Foundation for the Blind）。

他們的接受度比較高，但也指出這些原型太粗糙，無法使用。當時有兩個版本，一個是木製，另一個是矽膠製，而且上面的凸點對盲童來說太不均勻，無法正確閱讀。於是，堅定的兩人決定以真正的樂高積木進行實驗。

這些實驗結果更成功，儘管費盡千辛萬苦。尤利西斯和雷昂洛買了一大堆樂高積木，並用手術刀切掉一些「凸點」。接著他們

用砂紙打磨高低落差至完全光滑，不會造成混淆。現在他們有完美的點字字母了。

然而當他們將這個概念上傳到Lego Ideas網站時，立刻被以「破壞積木完整性」為由拒絕。

尤利西斯告訴我，這項決定真是「摧毀鬥志」。到目前為止，他和雷昂洛已經堅持了兩年中大部分時間。這個點子開始感覺不可能找到商業支持者了。

但是多麗娜慈善機構不斷鼓勵他們，他們知道這些原型有多麼受歡迎。當時已經有超過300名孩童在12個機構中使用這些積木。他們很清楚手中有絕佳的創新，可是更希望孩子能夠從中受益。於是，一如克里斯汀和他的彩虹鞋帶，他們決定讓出這個珍貴的構想。

確切而言，尤利西斯和雷昂洛製作了一部影片吸引玩具製造商。影片中解釋這些積木不僅可以提升盲童的識字率，更能夠促進社會融合。這對視障兒童來說常常是一大挑戰，然而影片展現出這些教具充滿趣味且接受度很高。影片中，視力正常的孩童受到這些奇特凸點的吸引，和盲童朋友玩的時候問了他們一大堆問題。

最關鍵的是，影片強調如果有人願意大量生產這些積木，多麗娜將放棄智慧財產權。

這項呼籲在社群媒體上進行，使用#BrailleBricksforAll（大家的點字積木）標籤。幾乎沒有媒體支出，因此這是真的在向網路求助。幸運的是，呼籲引起了共鳴，活動超過1.4億次曝光，獲得《Fast Company》和《Wired》等雜誌的報導，連白宮也表示支持。

不過真正的突破是樂高回頭與多麗娜聯絡，表示最後決定參與。事實上，經過進一步前期測試後，他們才剛開始在20個國家推廣產品，而且免費提供給盲人慈善團體與機構。這是樂高公司首度以這種方式改造積木。

當然啦，你也可以說這種慷慨只有在推動好事的時候才有意義。不過「開放式創新」在商業領域中也是越來越流行的策略。微

軟、飛利浦和西門子等精明實際的公司每年在研究中投入大量資金，然後與其他人分享，希望能夠改良並拓展技術。

　　無論你推廣的是鞋帶或積木，軟體或設備，道理都是一樣的：成為大事中的一小部分，好過成為小事中的重要部分。

召喚幸運

慣例說：必須小心保護智慧財產權。

幸運說：有時候與他人分享想法，反而會獲得更多利益。

問問自己：你可以分享什麼，讓你的構思更進一步？

幸運的界線
如何在界線之間看見新世界？

謠傳古代的製圖師在繪製地圖時，會在邊緣加上「此處有龍」的文字。這個傳說似乎不是真的，目前只有一個實例上有這個句子，而且是在地球儀上，而非平面地圖。然而這個認知在現代獲得支持，這解釋了我們與先人的對照。

我們洋洋得意地自詡為探險家，不怕突破界限或是探索新疆域。我們奮力對抗心魔，而不是避之唯恐不及。這股精神是我們這一行的一大動力。許多行銷理論學家都寫過，為品牌定義一個可以追殺的怪物是有助益的。幾乎人人都使用開拓者和先鋒的語言（我自己就在本書中用過）。我們都很欣賞前衛的作品。

然而，有時候這種自然的渴望會讓我們無法看見自身領域中可以探究的更大範疇。

2018年，我們正在探索一項切身的未知領域。在好萊塢的#MeToo運動之後，一群知名女性齊聚一堂，目的是要根絕英國廣告產業中的性騷擾。她們是所有大型廣告公司的代表，打造了新的宣傳品牌以處理該議題：#timeTo。

其中一名激勵人心的領導者就是我的事業夥伴海倫·卡爾克洛特。她親自投入這場戰鬥，不僅是以女性主義者的身份，更是因為在職業生涯早期親身經歷過性騷擾。這個議題很強烈，而且是公開的。我們承受巨大的壓力必須把案子做好。

而且令人難以相信的是，該議題竟然從來沒有被探討過，

更不用說是解決了。因此第一步就是要委託對廣告業進行該議題史上頭一遭的調查。

結果極為令人憂心。整體而言，26%的受訪者都曾在職業生涯中經歷過性騷擾，而且也正發生在下一代女性身上——18~24歲中的女性已經有20%曾深受其擾。

有些事件非常恐怖，而且我們知道這只是冰山一角。畢竟，一部分的問題在於有人們不敢挺身而出，這也是可以理解的。我們明白不可能在一夕之間撥亂反正，不過就長期策略而言，廣告確實能幫助公開這個問題。

難就難在該如何做。

最顯而易見的答案，就是用一些令人作嘔的故事來震驚民眾。然後用最嚴厲的方式傳達零容忍政策。timeTo委員會當時剛發表一份行為守則，我們可以從中挑選一些禁區，提醒人們有些行為是絕對絕對不能被接受的。

事實上，一個美國的宣導運動（和性合意有關的議題）最近採取類似的手法而大受好評：影片中聰明地運用為別人泡茶作為比喻，藉此建立「要」和「不要」的二元性質。例如，一定要先問對方是否想要；絕對不要假設對方曾在別的境況下想要，就表示之後也會想要；絕對不要趁對方睡著或喝醉時強迫等等。

這支宣導影片展現了可以用橫向的思考方式對明確具體的行為提出嚴肅觀點。考慮到我們的受眾是極富創造力的人，這支廣告對我們的任務而言，似乎是很好的參考。

幾個星期以來，我們努力往這個方向前進，試圖以令人震驚的案例與意想不到的比喻說明「規則」。平心而論，確實產出一些相當極端的作品。然而這正是問題所在：檢視這些點子時，我們感覺已經太偏離議題而會讓受眾排斥。更惱人的是，你不必是哈維·溫斯坦（Harvey Weinstein）才會成為性騷擾的傢伙，因此呈現這種禽獸可能會讓人心想「那才不是我」。

　　同樣的，最極端的侵犯固然很驚人，但是卻不會特別發人深省（「那很明顯不對嘛」）。而且坦白說，性騷擾比泡茶複雜多了：某些行為由於牽涉其中的權力關係、時間、地點等因素而處於灰色地帶。

　　嗯……這個灰色地帶比我們之前探討過的分明規則更一言難盡。我們沒有處理簡單的目標，反而從模糊的中間地帶進行更困難的討論。祝賀的擁抱可以接受嗎？那麼約同事在工作場所以外碰面呢？或是深夜共乘一台計程車回家？這些都是在我的研究中出現的場景，然而也是我們自己曾經做過的事。或許你也是呢？

　　有了這份洞察力，我們打造出更發人深省的宣導廣告，要人們思考「你的界限在哪裡？」我們沒有刻畫老掉牙的騷擾者，影片中完全沒有加害者，而且也沒有將性騷擾定位成單純的是非議題，而是以環環相扣的連續事件呈現，因此每個人都該思考自己的行為以及每一個舉動。舉例來說，「晚上十點／來見我／在我的旅館／我的房間／一個人來。你的界線在哪裡？」

　　現在幾乎所有英國的廣告公司都簽署支持timcTo運動。我們特地打造兩支廣告，針對兩大性騷擾一觸即發的場合：坎城創意節和聖誕派對。這項倡導活動正在轉變成訓練。如果只是呈現騷擾者的刻板印象並把焦點放在極端行為上，就不會產生如此廣大的影響。

　　當然，這是一項社會倡議行動，而不是典型的品牌行銷活動。不過更重要的是，人們的生活很複雜，最出色的創意不一定永遠在地圖的邊緣，有時候創意的高點其實就在地圖的等高線之間。

召喚幸運

慣例說：精彩的行銷就是要突破界線。

幸運說：探索身旁的灰色地帶，有時候反而更好。

問問自己：如何在界線之間看見新世界？

幸運的上帝

如何處理過程，讓上帝有空間走過？

　　昆西‧瓊斯（Quincy Jones）是音樂產業的巨擘。60多年來，他獲得高達80次葛萊美獎提名、28次葛萊美獎，並榮獲葛萊美傳奇獎。他還獲得7次奧斯卡提名，以及無數其他音樂界獎項，並賣出數億張唱片。

　　你可以稱他是「幸運先生」（Mr Lucky，他的眾多曲名之一），只不過瓊斯先生堅信人生中的幸運是自己創造的。

　　若想解釋這名芝加哥出身的大師是如何辦到的，那可要花一整本書的篇幅解釋。畢竟他精湛的音樂造詣橫跨歌曲創作、作曲、表演到製作。

　　同樣的，他的合作對象包括法蘭克‧辛納屈（瓊斯形容為「他把我帶到另一個星球」）、艾瑞莎‧弗蘭克林（「她的嗓音傾國傾城」）到披頭四（「全世界最差勁的音樂人」）等各式大人物。事實上，他和許多偉大人物都曾有過交集，因此常被看作電影《阿甘正傳》中的主角。

　　不過，若要說串起他的所有各類作品的共同主軸，那無疑是他能打造空間，讓意想不到的精彩時刻發生。他用一句最愛說的話概括這一點：「保留20~30%的空間，讓上帝走過。因為這樣就是為魔法留下空間。」有趣的是，這是非常縝密的策略，並非被動地期望好事自動發生。

　　其實他在這個手法上非常嚴謹：他對音樂理論的造詣極高，嚴厲批評不將旋律、和弦、對位與編配的基礎應用在工作上的人。然而他也很清楚何時必須停下技術，讓藝術得以接手。他將這點併入工作過程，而不是順其自然。

　　瓊斯將這種手法比喻為繪畫（這是他擅長的另一個領域）。他的歌曲會從大致的形狀開始，類似炭筆素描。然後隨著這些形狀逐漸成形，他就會嘗試各種不同的薄塗法，像水彩畫家的那樣。直到最後，他才專心完成最終版本，將之「放進油裡」。

　　他就是以這種工作方式打造出製作人生涯的傑作，也就是麥可・傑克森的《戰慄》（*Thriller*）。這張1982年的經典是史上最暢銷的專輯（全球銷售量高達6600萬張），常被視為音樂錄影帶的發明，以及打破美國音樂中的種族隔閡。這是過程中堅持不懈的產物——瓊斯和他的團隊實在太賣力，連放大器都燒起來了——不過這個過程中允許正常的偏差。

　　就以專輯的主打歌為例吧。〈戰慄〉最初想要製作成一首較陽光的歌曲，叫做〈星光〉（Starlight）。但是隨著作曲家洛德・坦普頓（Rod Temperton）對傑克森的認識越來越深，他發現傑克森熱愛恐怖片，於是賦予這首歌較陰森恐怖的感覺。後來瓊斯透露，他的妻子認識恐怖片演員文森・普萊斯（Vincent Price），於是他們請他在歌曲結尾錄製現在廣為人知的口白部分。這是兩大幸運突破，如果團隊一板一眼死守腳本，就不會發生了。

　　〈Billie Jean〉也是由於類似的魔法契機而成為爆紅冠軍歌曲。從技術角度而言，瓊斯覺得前奏太長，但是傑克森想要保留。除了前奏讓他想跳舞，他其實說不出真正的理由。於是瓊斯給了他一些（物理上的）迴旋空間。「如果麥可・傑克森說這讓他想跳舞，那我們其他人就乖乖閉嘴吧。」

　　最後，破紀錄的〈Beat It〉其實原本不會誕生，這首歌並不在原本的曲目表上，而且團隊已經錄製好九首好歌。他們都對專輯的現狀很滿意，而且準備結束製作。

　　然而，傑克森想要嘗試自己的第一首搖滾歌曲，於是瓊斯取消一首錄好的歌，換上新曲。接著，他邀請艾迪·范海倫（Eddie Van Halen）彈奏難以想像的吉他獨奏。起初范海倫有些懷疑（瓊斯打了五通電話才說服他這不是惡作劇），瓊斯以全然自由創作的承諾贏得他的心：「我不會叫你該怎麼彈，找你來的原因正是你彈奏的方式。」

　　瓊斯再次為上帝開闢些許空間，任祂行事。

　　相較之下，現代廣告的製作過程有時候似乎刻意把上帝鎖在門外。一旦概念開始運作，就很難在進行中修改。分鏡和曲目也要盡快拍板定案，導演則被要求按照腳本拍攝，不能加入太多個人的揮灑。

　　最後，研究人員獲准研究的時間比創意人員初次提案的時間還長。所有空閒時間都被用在理性思考上，而不是魔法：開會、會前會議、會前會議的會議，確保人人都徹底了解接下來要做什麼。

　　整個過程的用意是要確保沒有討厭的意外，但是這也抹滅了好運發生的機會。

　　如果你只是想要轉瞬即逝的〈星光〉，那這個做法很好。但如果你想要真正的〈戰慄〉，那就需要保留些許空間，在關鍵時刻添加一些跳舞、一些恐怖元素以及一些范海倫的神技。

召喚幸運

慣例說：好的過程消除了意外的可能性。

幸運說：真正高超的好過程容得下魔法。

問問自己：如何處理過程，讓上帝有空間走過？

幸運的魅力

該如何在你的個人化中加入
更多個人特色？

多年來，蓋瑞・林納克（Gary Lineker）簽下無數簽名。這也難怪，因為他不僅是英格蘭有史以來最出色的足球員，也是最受全英國喜愛的足球權威。更重要的是，他的外號是「好好先生」（Mr Nice Guy），是真心珍惜球迷的人。因此，某次他在簽名中加上個人化的訊息「愛你的蓋瑞・林納克」也不奇怪了。唯一的問題是，那是一張生日賀卡，而且是寫給他的妻子的。

不用說，現在是前妻了。

這個故事告訴我們個人化訊息中隱藏的危機。搞錯細節和半途而廢，比什麼都不做更糟。這讓我想起某次一家公司聯絡我，請我幫他們推廣目標電子郵件功能。破綻在於他們寄給我的信件開頭是「親愛的艾倫」。

事實就是，個人化並沒有達到成為二十一世紀行銷的巨大期望。平心而論，這個論點確實很誘人。人工智慧使品牌得以為特定人士量身打造訊息和產品。收信人會很欣賞這些互動的相關性增加。同時行銷也會變得更有效率，不再會有「浪費」，因為只會對在市場上活躍的目標購買者投放廣告。

問題是，一般人不喜歡現在運用的許多笨拙的技術。即使公司不加上「蓋瑞」或「艾倫」，他們想令人驚喜的努力反而常常讓人覺得怪怪的或虛假。例如，約三分之二的英國人抱怨在網路上甩不掉

追蹤型廣告。這些廣告固然是人工,但並非總是夠智慧,常常糾纏我們購買已經買過的產品。

更令人驚訝的是,個人化的財務根據並不像大家所想的那樣強大。人們開始逐漸認為,廣告浪費有時候並不是罪該萬死。雖然縮小範圍可以獲得短期效率,但(更重要的)長期效果還有待達成。

簡單來說,讓人們在無意中收到行銷訊息,即使不是正在購物,反而可以達到更高的回報。如此一來,當他們前來購買時,就會對品牌抱持好感。

那麼,我們都該放棄個人化嗎?

倒也不是。也許我們只是需要重新思考看到個人化的方式。尤其是我們也許應該採取更有魅力、有人情味的手法,而不是把它視為提高效率的機器人功能。這就是我為 Radiocentre 製作廣告時的背後的想法。

Radiocentre 是負責英國商業電台產業的協會,由超過 200 個電台資助,目的是向廣告商推廣電台媒體的優點。

多年下來協會收集大量證據,顯示電台對品牌而言可以是強大的平台。但是一如協會的頂尖行銷人員露西·巴瑞特(Lucy Barrett)對我們的解釋,電台身為媒體的客戶支出的佔有率仍低於消費者使用佔有率。

這個廣告案子的受眾非常明確,亦即數千名負責在英國購買媒體的行銷人員與廣告公司。受眾極小,但確實存在。

這個問題也很顯而易見。我們的決策者不受任何理性證據的影響。他們就是不想在他們的計畫表中納入廣播,因為感覺很過時,創意也很受限。我們需要讓他們對這個媒體有不同的感受,或是像我們的新口號:

「以不同方式看見電台。」

然而真正的挑戰是必須利用電台達到這點。以傳統媒體的角度來看,這根本沒有意義,因為我們的貴賓受眾不聽電台。更糟的是,

還有其他3600萬人確實收聽，所以會造成巨大的浪費。但如果我們自己不用電台，就很難要求其他廣告商運用電台。

因此，我們沒有採用較顯而易見的選擇（像是電子郵件、直接郵寄或協會刊物），而是肩負難題：找到利用電台的方法，向不聽電台的人推廣電台！

我不得不承認，覺得自己起初在原地打轉。鎖定目標的訊息和廣播媒體的結合看似完全行不通，但是漸漸地，某種混合模式開始在我腦海中浮現，相較於機器學習，更深植於人類洞察力的模式。

為了向團隊說明這種做法，我用一個相當尷尬的祕密當作例子。我解釋，如果我們播出頂尖行銷人員的個人細節（像是他們的特殊嗜好，或是在聖誕派對上跳了笨笨的舞），他們很快就會發現。他們有朋友、家人，還有部下（都會聽廣播）會轉達他們。這些決策者會因為關注而受寵若驚，更會對廣播媒體的驚人觸及感到訝異。

簡而言之，他們會親眼見證電台確實有效。

團隊似乎喜歡這個大方向。他們可以看見廣播廣告對我們自己的公司發揮作用（而且這一次，我們就是目標市場）。但團隊指出，如果真的聚焦在祕密上可能有點令人發毛。這就是錯誤的個人化類型。

這和我的想法不謀而合，於是我們向一位創意人員介紹這個調整方向的模式。然後楊（Yan）想出更上一層樓的版本，使用音樂來呈現。畢竟我們是電台品牌，還有什麼比創作趣味十足的歌曲，加上量身打造的歌詞，獻給英國廣告業的最高決策者更高招？

我們以一首車庫饒舌（grime）獻給聯合利華全球行銷長基斯·威德（Keith Weed）。「好個當頭棒喝。」在國家電台播出幾小時內他就發了推文：「你們不會相信我接到多少電話和電子郵件，大家都聽到了。」那年稍後，他以這件事當作坎城創意節的演說重點。

接著我們播出一首傷感的鋼琴抒情歌，目標聽眾是這類音樂的愛好者——John Lewis百貨的顧客總監克雷格·英格利斯（Craig

Inglis）。他告訴所有人：「我最愛電台了！我們去年花了超過一百萬英鎊的電台廣告費，不過之後誰知道呢，可能會更多呢！」

其他的廣告也陸續播出。例如一首獨立音樂迷住了萊雅（L'Oréal）的休·派爾（Hugh Pile）。「太驚艷了！」他驚嘆道：「我在度假（在普利亞）……但是這首歌很快就傳到這裡，大家都很喜歡。」

同時間，Airbnb的強納森·米登哈爾（Jonathan Mildenhall）顯然超愛他專屬的歌。「任何事都比不上深入了解你的聽眾。」他在推文中驚喜寫道：「我對廣播的愛整個大爆發！」他後來又寫：「我在世界各地的團隊都注意到了。商談正在積極進行中！」

高度目標式廣告的問題在於，由於太過具體，其實對其他廣告業者沒有太多可師法之處。不過在這個例子中，我認為可以學到兩課。

第一，精準行銷和大眾行銷並非一定互不相容。商業大師馬克·李森（Mark Ritson）主張，行銷人員有時會不必要地在這個話題上各持己見。他說我們應該反而追求「雙邊主義」（bothism）。這個詞很棒，而且我認為適用於此處。像是：以相輔相成方式運用觸及導向傳播和個人化的品牌，將會是最成功的品牌。

第二，如果不展現真正的魅力和想像力，就算集結全世界的智慧也一文不值。一如前林納克太太會說的，如果要個人化，就要確保展現些許你自己的個性。

召喚幸運

慣例說：個人化需要AI（人工智慧）。

幸運說：同時應用GI（真正的想像力）效果更好。

問問自己：該如何在你的個人化中加入更多個人特色？

幸運的蛋

如何運用隨機連結讓自己
開始創意思考？

〈昨日〉（Yesterday）是音樂史上翻唱次數最多的歌曲，不過這首歌其實一開始叫做〈炒碎蛋〉（Scrambled eggs）。保羅‧麥卡尼在睡夢中想到旋律，為了死命記住夢中曲，於是他利用腦海中浮現的早餐內容。很不幸的，這些字是：「炒碎蛋/喔寶貝我好愛你的腿/但還是不及炒碎蛋」（Scrambled eggs/Oh my baby how I love your legs/Not at as much as scrambled eggs）。

這些歌詞保留了好幾個月，這首歌也變成披頭四成員之間的玩笑，甚至到煩死導演理查‧萊斯特（Richard Lester，當時正在拍攝披頭四的第二部電影）的地步：「當時已經到了我（對麥卡尼）說，『要是你敢再彈那首爛歌，台上就不要放鋼琴了。放棄那首歌，或是快寫完！』」

最後約翰‧藍儂用另一個標題救了這首歌，蛻變為比較正經的作品。然而，最初帶來火花的正是雞蛋。

披頭四並不是唯一用這種奇特技巧寫歌的音樂人。大衛‧鮑伊就是威廉‧博洛茲（William S. Burroughs）剪貼法的忠實擁護者。這個方法是從報紙、書籍或日記中剪下詞組，然後隨機排列。一如麥卡尼的蛋，這些字詞通常不會出現在鮑伊的完成歌曲中，不過卻有助於「燃起任何可能的想像」。湯姆‧威茲（Tom Waits）對這種技巧也有自己的做法：他會同時播放兩個廣播，看看是否會出現有趣的重疊。

所有這些方法的共同點，就是渴望能以全然隨機的連結創造新點子。就意義而言，這些是我們在本書中不斷探索的事物的終極版本。在前面的例子中，我們運用現有的資源、外部靈感和不幸以激發創造性思考，但如果我們去除所有理性思考，單純把所有元素混在一起呢？

這種沒有明確目的的手法聽起來就像對策略家的褻瀆。

所以我認為應該放手一試。

為了讓事情單純一點，我要假設一個想像的簡報，這樣我就不必按部就班行事。比方說我正在為一個培根品牌做廣告（和麥卡尼的蛋一樣，這就是我的早餐內容），並且用〈昨日〉當作啟發，因為我已經提過這首歌，而且大部分的人都知道歌詞。我可以在兩分三秒（這首歌的長度，或是剛好夠煎一片火腿）內想出多少策略？

首先，這首歌的歌名（與第一句歌詞）讓我想到傳承。這家公司成立多久，歷史是什麼？

接下來，「所有煩惱一度感覺好遙遠」（All my troubles seemed so far away）讓我想到培根是生活問題的解決之道（曾經宿醉過的人一定會感同身受）。

「現在卻似乎要在此停留」（Now it looks as if they're here to stay）則帶出問題：「此」是指哪裡？也許我們可以利用原產地？我們在第一單元已經探討過，這個方法對食品品牌常常很成功。

「噢，我仍相信昨日的美好」（Oh I believe in yesterday）顯然是要推動較受信念驅動的策略。品牌對人生的宣言或觀點是什麼？

好啦，這樣已經有四個起點。現在我們要進入第二節歌詞了。

「突然間」（Suddenly）顯然是在形容一種衝動驅力的方法。這個品牌會是讓人一時衝動購買的嗎？或是在較即興的場合烹煮。

「我再也不是過去的自己」（I'm not half the man I used to be）可能會引導到人口統計的角度。誰使用這個品牌？培根是比較男性

化的商品嗎？是的話，我們能否以更進步的方式將男子氣概帶入生活？（畢竟我們都不再是過去的男人了，對吧？）

「一片陰影籠罩著我」（There's a shadow hanging over me）促使我思考健康的問題，以及這方面是否有正面報導。

這樣又有三個方案啦，但是現在我快要沒有時間了。所以我們要更冒險一點，看看我是否能從最後幾句歌詞中擠出一些點子。

「為什麼她要離開，我不知道，她也不會說」（Why she had to go, I don't know, she wouldn't say）。這聽起來很神祕，不知道是否有辦法將品牌定位成某種機密。

「我一定是說錯話了」（I said something wrong）讓我想到禁忌與錯誤資訊。是否有任何可以打破的品類迷思？

「現在我緬懷昨日的美好」（Now I long for yesterday）激發出剝奪的想法。我們是否可以移走品牌使讓人們產生渴望？就像培根版的「喝牛奶了嗎？」（Got milk ?）？

「愛情是很容易的遊戲」（Love was such an easy game to play）有點像天上掉下來的禮物，包含三個獨立的概念：渴望、便利性、樂趣。我就不客氣都拿來用啦。

「現在我需要一個地方躲藏」（Now I need a place to hide away）讓我認為培根就像不可告人的祕密。

最後是永垂不朽的歌詞「嗯～嗯～嗯～嗯～嗯～嗯～嗯～」（Mm mm mm mm mm mm mm）。如果這不算美味的策略，那我就不知道什麼才是了。

依我所見，兩分鐘之內就有大約15個策略起點。好吧，其中絕大多數很可能都不會比麥卡尼起初寫的歌詞堅持多久。不過當作一個輕鬆的習作，希望能展現刻意隨機連結可以快速得到各式各樣的有趣點子。

　　當然啦，到了一定時刻，這些點子都需要經過深思熟慮的過程使其更完整。不過要讓自己開始動腦，何不剪下一些詞組，打開所有電台，並且炒一些蛋呢？

召喚幸運

慣例說：行銷策略是理性邏輯的思考過程。

幸運說：在初期階段，沒有特地目標的方法可能會有幫助。

問問自己：如何運用隨機連結讓自己開始創意思考？

幸運的你

該如何讓每一個接觸點、
記憶和時刻更像「你」？

在前面39章裡，我分享了世界上最偉大的哲學家、作家、領導人與科學家的思想。但是在本書的大結局中，我想再找一個更睿智的人，那就是桃莉·芭頓（Dolly Parton）。

我不是在亂開玩笑，事實上我可是非常認真的。幾十年來，人們太小看這名傳奇鄉村歌手，視她為金髮大奶的傻妹，但其實她是一位才華過人又聰明的女性。

身為表演者，她共製作44張破紀錄的十大鄉村專輯。她也是作曲家，寫下超過3000首歌，包括〈Jolene〉和〈I will always love you〉，都是在同一天創作的。她也是演員，曾獲艾美獎和金球獎提名。身為商人，她打造多媒體帝國，是一座以自己為中心的主題公園——桃莉塢（Dollywood）。最重要的是，她在2020年部分出資贊助莫德納新冠肺炎疫苗。

不過桃莉·芭頓真正令人吃驚的是，她從森林中的簡陋小木屋一路爬上價值5億美元的身家，倚靠的方法就是做自己，以及其他的事。她從來沒有忘本，反而會特別強調自己的出身。從服裝到假髮，從商品到活動，她管控自己公眾生活的所有面向，讓每一個小細節強調她刻意誇張的本質。

她甚至自豪地回應關於自己的所有笑話，例如她會笑著說：「要花很多錢才能顯得如此廉價。」她也會若有所思地說：「我和鄰家女

孩沒有兩樣——如果你剛好住在遊樂園隔壁。」至於無腦傻妹的嘲笑，她則說：「所有關於愚蠢金髮妹的笑話都不會冒犯我，因為我知道自己不蠢，而且我也知道自己不是金髮。」

自我意識與正面強化的致勝組合，現在已經是她給他人的最佳建議：「認清自己，然後刻意做自己。」

這也是我最喜愛的品牌建立名言之一。

回顧本書中提到的成功公司時，我發現到相同的態度，只是更明顯。例如正是這種自我意識與承諾，促使約克郡茶推出社交距離茶壺，或是鼓勵維珍航空製作刻意供旅客偷走的鹽罐，或是讓Paddy Power調查長頸鹿的情況。

我在其他品牌中也看到同樣的精神。例如，就是這種自我肯定讓Patagonia在自家服裝加上標籤，呼籲「用選票下架混蛋」（Vote the Assholes Out）。或是讓「純真飲料」（Innocent Smoothies）為瓶子加上針織小帽，為慈善機構Age UK籌募資金，或者幫助漫威（Marvel）讓自家的超級英雄登上「404錯誤頁面」。

這些公司都有受到重要使命感的驅策。他們有雄心勃勃的目標與偉大的創意，但即使在運作最微小的細節中，也會注入他們的使命感。他們一遍又一遍地落實自己宣揚的一切。說到這點，若說這本書有什麼好的地方，我應該要能夠將其中的經驗應用到本書的行銷上。

所以就這麼辦吧。關於一本如何提升品牌贏面的書，我要如何提升這本書的贏面呢？

這個嘛，第一單元宣揚珍視你所擁有的一切。就我而言，我發覺自己在家庭和事業方面都過著幸福的生活，但我也明白很多人並沒有我的優勢。事實上，策略家麗莎·湯普森（Lisa Thompson）就曾精彩辯論過廣告業其實非常不利於社會流動。

因此，為了將本書的主題帶向合理的延伸，我會將所有的版稅捐給一家值得的機構。更具體地說，那是一家叫做Commercial Break的傑出組織，幫助來自勞工階級的年輕人投入我們的產業（並

在其中成長茁壯）。一本討論幸運的書能夠為其他人帶來出乎意料的幸運，我覺得這個點子很棒。

接著第二單元建議我們要處處尋找良機。你可能還記得韋斯曼教授的實驗，他在報紙中藏了一則廣告，發現廣告的受試者就能獲得250美元。如果我在這本書裡做同樣的實驗就要破產了，不過我很樂意進行限量版的實驗。因此我在其中一章刻意藏了一個錯誤，第一個找出來的人就能獲得250英鎊。請寄電子郵件至luckymistake@luckygenerals.com以領取獎賞。

然後第三單元是在討論化凶為吉。我認為這本書的促銷行事曆可能會有個有趣的轉折。大多數文化中都有被視為不吉利的數字（因此日期也是）。例如中國的4月4日（4/4），或是印度的8月8日（8/8），還有西方國家的13號星期五。因此我計劃將促銷活動集中在這些日期上。畢竟還有什麼時機比在人們覺得觸霉頭的日子銷售關於幸運的書更好呢？

最後，第四單元宣揚實踐變幸運的必要。你大概還記得彩虹鞋帶與點字積木背後的人們，為了讓創意更上一層樓而把它拱手讓人。這點讓我認為自己應該將本書捐贈給廣告學院和商學院。也許為了讓這本書更符合品牌形象，我會把這些書藏在校園各處，裡面夾著樂透彩券，最先找到的學生就可以拿走。這樣不會花我多少錢，卻能讓目標族群討論這本書。

我很確定有更多有目的地「製作」本書的方法，但是絕大多數的點子在本書出版之前都不會浮現，因為這就是幸運的美妙之處——機會永遠以意象不到的方式現身。

擁有一個明確的使命時，能夠在前進的過程中抓住這些小小的機會就是一種喜悅。或是如桃莉塢的入口標誌寫的：「享受每一刻」（Enjoy every moment）。

召喚幸運

慣例說：著重大局。

幸運說：幸運就在細節裡。

問問自己：該如何讓每一個接觸點、記憶和時刻

更像「你」？

結語

作家E.B.懷特（E. B. White）曾說「幸運不是能在白手起家的人面前提的事」。我希望本書能夠改變這一點。

有壓倒性的證據顯示，運氣在商業中發揮的作用極為重要，在其他地方亦然。承認運氣並不會貶低造就成功的辛勞和才華，這也不違背艾蜜莉·狄金森（Emily Dickinson）所說的「命運之神的昂貴微笑是努力賺來的」。

事實上，本書的重點一直都是強調另一個因素，聰明又勤奮的行銷人員務必掌握以鞭策自己前進。

不過我想要證明的是，努力和才華是不夠的。同樣的，好運不應該被視為理所當然，壞運氣也不該被視為詛咒。

事實是，我們現在生活的世界難以預測，企業可能會因為外在事件而陷入混亂，無論他們之前多麼努力或聰明。或者，如果抓對時機和技巧，他們就可以反過來駕馭原本不利於他們的巨浪。

這本書列出40種方法，讓你可以在這個混亂的大環境中為品牌增加有利的機會，但可不保證成功。

幸運的傢伙、狗狗、兔子和老鼠都能是得力助手，但剩下的就就看你了。

你必須弄清楚哪些技巧最適合自己的事業，必須有創意地思考自己的資產、敵手、限制與過程。務必記住桃莉的建議，找出最像「你」的部分。

簡而言之，生活很艱難，但這些經驗應該能幫上忙。

現在，幸不幸由你。

參考資料

　　本書中引用的廣告案例大部分來自Lucky Generals，也就是我與海倫·卡爾克洛特和丹尼·布魯克－泰勒在2013年創立的廣告公司。為避免不必要的重複，未特別標注的作品皆出自我們的公司，其他公司的作品則會另行標示。

　　我在幾個其他例子中引用MCBD的作品，這是海倫和傑瑞米·邁爾斯（Jeremy Miles）、保羅·布里金肖（Paul Briginshaw）與馬爾柯姆·達菲（Malcom Duffy）在1999年共同成立的廣告公司，後來丹尼和我也加入經營，隨後才成立Lucky Generals。一如往常，無法一一感謝曾經幫助我的人，我感到很抱歉。

　　最後，在少數情況下我會引用其他廣告公司的作品，當然會在參考資料中補足無法在正文中附上的出處。

引言

Luck: A Key Idea for Business and Society, 劉正威 , Routledg, Abingdon.（2019）

Slouching Towards Adulthood by Sally Koslow. Plume Books, New York.（2012）

第一單元

華倫・巴菲特於波克夏海瑟威公司年度股東大會（Berkshire Hathaway Annual Shareholders Meeting）演講（1997）

巧克力冒險工廠，羅德・達爾，小天下，2022

Charlie and the Chocolate Factory by Roald Dahl. Knopf, New York.（1964）

LinkedIn post by Tal Ben-Shahar.（2017）

幸運的名字

Mumsnet網站針對1000對英國家長的調查（2016）

《定位：在眾聲喧嘩的市場裡，進駐消費者心靈的最佳方法》，艾爾・賴茲和傑克・屈特，臉譜出版，2019

Positioning: The Battle for your Mind by Al Ries and Jack Trout. McGraw Hill, New York.（1980）

我們在MCBD時，與創意總監馬爾柯姆・達菲和保羅・布里金肖創作了洛伊德・葛羅斯曼的廣告。

幸運的地方

"Phileas Fogg snacks set for welcome return". *Chronicle.* (September 21, 2009)

Phileas Fogg 廣告由BBH製作。

"Planning Done Proper – the story of the Yorkshire Tea campaign" by Loz Horner. APG Awards. (2019)

幸運的傳承

"From a rare urn to JFK's jacket: the most valuable *Antiques Roadshow* finds". Starts at 60.（2018）

"Is Premier toast?" by Ben Laurance. *The Sunday Times.*（March 2, 2008）

1974年的 Hovis 廣告由CDP創作。2008年我們在MCBD與創意人員 Danny Hunt和Gavin Torrance共同創作了Hovis的廣告。

"Hovis – as good today as it's ever been" by Andy Nairn. IPA Effectiveness Awards.（2010）

閣樓的類比靈感來自一篇2018年的IPA Effectiveness獎的精彩論文:〈A Rembrandt in the attic: rediscovering the value of "Have you had your Weetabix? "〉,Tom Roach著。

幸運的腳

"Is that myth about big feet and penis size true?" by Erika W. Smith. *Refinery29.*（September 5, 2019）

How Brands Grow by Byron Sharp. Oxford University Press, Oxford.（2010）

"Life expectancy is shorter, the bigger your feet" by Emily Hodgkin. *Daily Express.*（January 23, 2017）

"Runners' feet and toes: the long and the short of it" on Americanfoot. com（2016）

英國廣告公司指的是WCRS（平心而論,他們的「審問產品」名言為他 們的全盛時期帶來許多成功）

"The Wookie won: how Peter Mayhew brought Chewbacca to life" by Tristram Fane Saunders. *Daily Telegraph.*（May 3, 2019）

幸運的老兄

《人性的弱點》,戴爾·卡內基

How to Win Friends and Influence People by Dale Carnegie. Vermilion, London.（1936）

幸運的吉祥物

"The rise and fall of Japan's mascot empire". *Tastemade.*（October 5, 2015）

"Adachin: stray mascot". *Mondo Mascots.*（September 9, 2018）

"Short-termism and the demise of the fluent device" by Orlando Woods. *EffWeek*（October 20, 2017）

2015年時，Wieden+Kennedy改造肯德基的桑德斯上校。

麵糰寶寶（Pillsbury Doughboy）由Leo Burnett創作，PG Tips猴子由Mother創作。

幸運的員工

"Sainsbury's changes Tiger Bread to Giraffe Bread after advice from 3-year-old". *The Telegraph.*（February 1, 2012）

"Richard Branson: Success from hard work is not luck". *Business Insider.*（September 10, 2014）

"Virgin Holidays issues Rockstar manifesto". *Campaign.*（May 11, 2011）

我們在MCBD時與創意人員Matt Lever 和Helen Rhodes打造了維珍假期的廣告。

幸運的燃料

Spotify廣告由公司內部製作。

Ruavieja廣告由Leo Burnette Madrid製作

幸運的包裝

Oatly創意總監約翰·斯庫克拉採訪，The Challenger Project（September 27, 2016）

Oatly包裝由Forsman and Bodenfors設計

幸運的時機

《什麼時候是好時候：掌握完美時機的科學祕密》，丹尼爾·品克，大塊文化，2018

When: The Scientific Secrets of Perfect Timing by Daniel H. Pink. Canongate Books, Edinburgh.（2018）

Lucky Generals的Cressida Holmes-Smith與Alice McGinn在Co-op專案中表現出色。

第二單元

《女傑書簡》，奧維德，公元前5年

Heroides by Ovid.（c.5 BCE）

《幸運的配方：人不是生而幸運，人創造幸運》，李察·韋斯曼，大塊文化，2008

The Luck Factor by Dr Richard Wiseman. Century.（2003）

"You may not know where you're going until you get there" by Jeremy Bullmore. WPP Annual Report.（2014）

路易·巴斯德在里爾大學的演講（1854年）。

幸運的喬治

"How VELCRO® brand fasteners were invented" on Velcro.co.uk（2018）

"Biomimicry: the natural blueprint" by Nitin Sreedhar. Mint.（October 7, 2018）

"Predators and prey: a new ecology of competition" by James F. Moore. *Harvard Business Review.*（May/June 1993）

Herd: How to Change Mass Behaviour by Changing Our True Nature by Mark Earls. Wiley & Sons, Chichester.（2009）

"An evolution of weeds and trees: reimagining growth in the 21st century" by Omar El-Gammal. IPA Excellence Diploma.（2020）

"Ideas work like Velcro" by Russell Davies. Recounted by David Hieatt. Unbound.（January 14, 2014）

幸運的一躍

"How to do a Barani flip" on Rebounderz.com（2020）

Pot Noodle的廣告標語「最廢零食」(The slag of all snacks)由HHCL創作。

Pot Noodle的廣告標語「何苦?」(Why try harder?)由Mother創作。

幸運的繪畫

"How cubism protected warships in World War I". *Wired.*（November 29, 2017）

幸運的狗狗

"John le Carré: An interrogation" by Michael Barber. The New York Times.（September 25, 1977）

"7 types of conflict in literature" on Scribendi.com（2020） I have omitted the seventh form（character versus supernatural） as this doesn't naturally apply to marketing.

"Amazon wins 30th annual USA Today Ad Meter competition". USA Today.（February 5, 2018）

Sarah Quinn在我們的Amazon廣告中貢獻良多。

幸運的數字

"How lottery legend Joan Ginther likely used odds, Uncle Sam to win millions" by Peter Mucha. The Philadelphia Inquirer.（July 2, 2014）

"What are the chances?" by David Hand. Aeon.com（July 16, 2014）

"The big debate: Are the '4Ps of marketing' still relevant?" by Jonathan Bacon. Marketing Week（February 9, 2017）

How Brands Grow by Byron Sharp. Oxford University Press, Oxford.（2010）

"Everything you need to know about Pinduoduo, the fastest growing rival to Alibaba and JD in China" by Arjun Kharpal. *CNBC*.（April 21, 2020）

幸運的精神科醫師

班傑明·富蘭克林（Benjamin Franklin）在1789年時寫給尚－巴布提斯·勒華（Jean-Baptiste Leroy）的信中的名句。

稅務局的赫克特廣告由Leagas Shafron Davis創作。

稅務局的朵爾太太廣告由M&C Saatchi創作。

我和創意人員保羅·布里金肖與馬爾柯姆·達菲在MCBD時創作了「報稅其實不用這麼難」廣告

"How a change in advertising direction proved that tax doesn't have to be taxing" by Andy Nairn. IPA Effectiveness Awards.（2006）

《推力：每個人都可以影響別人、改善決策，做人生的選擇設計師》，理查·塞勒和凱斯·桑思坦著，時報出版，2014

Nudge:Improving Decisions About Health, Wealth and Happiness by Richard H. Thaler and Cass R. Sunstein. Caravan.（2008）

幸運的蛋糕

"How the cupcake ATM became a $9m chain" by Caroline Fairchild. Fortune.（March 28, 2014）

"Sometimes the best ideas come from outside your industry" by Marion Poetz, Nikolaus Franke and Martin Schreier. Harvard Business Review.（November 21, 2014）

Tennent's的換匯處與夜間巴士活動是由Bright Signals配合我們的策略所開發。

詹姆斯·福克斯（James Fox）為Tennent's拍攝的廣告（與本書中其他眾多廣告）非常有趣。有時候甚至有趣過頭……

幸運的異類

"The role of graded category structure in imaginative thought" by Thomas B. Ward, Merryl J. Patterson, Cynthia M. Sifonis, Rebecca A. Dodds and Katherine N. Saunders of A&M University. *Memory and Cognition.* 30（2）, 199–216.（2002）

"Neurodiversity as a competitive advantage" by Robert D. Austin and Gary P. Pisano. *Harvard Business Review.*（May/June 2017）

"People with disabilities are some of the best problem-solvers in our society" by Colm Gorey. Siliconrepublic.com（July 16, 2019）

"Is there a gay advantage in creativity?" by Amelia Noor, Chew Chee and Aslina Ahmad. International Journal of *Psychological Studies.* 5（2）.（2013）

《柳橙不是唯一的水果》，珍奈・溫特森，木馬文化，2020

Oranges Are Not the Only Fruit by Jeanette Winterson. Pandora Press, London.（1985）

"The history of advertising in quite a few objects: 31 The Smash Martians". *Campaign.*（May 10, 2012）

幸運的胡蘿蔔

"Why are children so creative? The link between childhood and creativity". Dropbox. (July 24, 2018)

"10 incredible things invented by kids" by Shlomo Sprung. Business Insider. (June 14, 2012)

"Child's play: facilitating the originality of creative output by a priming manipulation" by Daryla L. Zabelina and Michael D. Robinson of North Dakota State University in Psychology of Creativity. Aesthetics and the Arts. 4 (1) , 57–65. (2010)

"Aging and a benefit of distractability" by Sunghan Kim, Lynn Hasher and Rose T. Zacks of University of Toronto. Psychon Bull Rev. 14 (2) , 301–305. (2007)

第三單元

"Good luck, bad luck, who knows?" Itstimetomeditate.org (June 21, 2017)

幸運的兔子

Walt Disney. The Biography by Neal Gabler. Aurum Press, London. (2008)

《賈伯斯傳》，華特·艾薩克森，天下文化，2023

Steve Jobs: The Exclusive Biography by Walter Isaacson. Little, Brown, London. (2011)

John Steinbeck: A Biography by Jay Parini. William Heinemann Ltd. (1994)

幸運的棺材

A Voyage to the Pacific Ocean by James Cook and James King.（1821）

"#MyPersonalCoffin". Ju-schnee.com（2019）

Bild headline from Heimat's Cannes case-study video.（2019）

幸運的逃脫

The General Theory of Employment, Interest and Money by John Maynard Keynes.（1936）

〈對菸草之批判〉，詹姆斯一世，1604年

A Counterblaste to Tobacco by King James I.（1604）

"Tobacco control. A new approach to an old problem" by Andy Nairn, Kate Waters and Pete Kemp. IPA Effectiveness Awards.（2010）

〈Real Kids〉反菸宣導影片由我以及創意人員Matt Lever和Helen Rhodes在MCBD所創作。

幸運的封城

肯德基廣告由Mother製作。

"Spirit Airlines mishap tells customers 'never a better time to fly' amid coronavirus pandemic" by Sophie Lewis. CBS News.（March 12, 2020）

"Willing and able: building a crisis-resilient workforce" by Deloitte.（2015）

Lucky Generals透過Toluna調查1000名英國成人。

"Roaring out of recession" by Ranjay Gulati, Nitin Nohria and Franz Wohlgezogen. Harvard Business Review.（March 2010）

"To emerge stronger from the COVID-19 crisis, companies should start reskilling their workforces now" by Sapana Agrawal, Aaron de Smet, Sébastian Lacroix and Angelika Reich. Mckinsey.com（May 17, 2020）

《反脆弱：脆弱的反義詞不是堅強，是反脆弱》，納西姆·尼可拉斯·塔雷伯，大塊文化，2013

Anti-Fragile: Things That Gain From Disorder by Nassim Nicholas Taleb. Random House, New York.（2012）

幸運的故障

Alfred Hitchcock : A Brief Life by Peter Ackroyd.（2015）

《我就知道你會買！破解顧客的25種消費行為偏見》，理查·尚頓，商業週刊，2019

The Choice Factory: 25 Behavioural Biases That Influence What We Buy by Richard Shotton. Harriman House, Petersfield.（2018）

Dave Trott的推特（2020年7月7日）

我們的Hostelworld廣告獲得YouTube Works for Brands Award的大獎（2018年）

幸運的限制

A Beautiful Constraint: How to Transform your Limitations into Advantages and Why it's Everyone's Business by Mark Barden and Adam Morgan. Wiley & Sons, Hoboken, New Jersey.（2015）

幸運的老鼠

《好奇的人》，伊萬·克雷洛夫，1814年

《群魔》，費奧多爾·杜斯妥也夫斯基，1872年

《白象失竊記》，馬克·吐溫，1882年

"Kevin Harvick irritated with Kurt Busch". East Bay Time (March 25, 2006)

"Harvick name replaces Busch beer in one-off NASCAR paint scheme" by Shane Walters. racingnews.co (October 4, 2019)

"Small wins: redefining the scale of social problems" by Karl Weick. American Psychologist 39 (1), 40–49. (1984)

幸運的無聊

"There is no such thing as a low-interest category" by Richard Huntington. Adliterate. (April 14, 2006)

這句伏爾泰的名言似乎是Evelyn Beatrice Hall在她的傳記著作《伏爾泰的一生》(*The Life of Voltaire*，1903年)中發明的。

Ronseal的廣告由HHCL創作。

The Church and I by Francis Joseph Sheed. Doubleday, New York. (1974)

寶瀅(Persil)的「塵垢讚」(Dirt is Good)廣告由JWT創作。

"A meta-analysis of humor in advertising" by Martin Eisend. Journal *of the Academy of Marketing Science.* 37（2）, 191–203.（January 2009）

來自Kantar的數據顯示，所有廣告中的幽默使用率從2000年的53%下降至2020年的34%。

「愚蠢的死法」（Dumb Ways to Die）由McCann Melbourne於2012年為Metro Trains創作。

"Dull, Boring and Bland day: together in tedium". The Independent.（August 9, 2018）

幸運的混帳

National Customer Rage Survey by Customer Measurement and Consulting in collaboration with the Center for Services Leadership at the W.P. Carey School of Business at Arizona State University and Kraft Heinz.

Business @ the Speed of Thought: Succeeding in the Digital Economy by Bill Gates. Warner Books, New York.（1999）

"70% of companies ignore complaints on Twitter" by Jay Baer. Convince&Convert.（2020）

"One quarter of Britons witnessed hate crime in last year" by Caroline Davies. The Guardian（January 27, 2018）

我在《Campaign》雜誌中首次使用餐旅業的比喻（2020年6月11日）

James Mylet是全球唯一一會批准「幸運混蛋」的財務總監，更不用說管理所有款項了。為此他值得特別的感謝。

幸運的鉛筆

《護教辭》（*Apologeticus*），特圖良（Tertullian），公元197年。其真實性受許多人質疑，包括Mary Beard，不過這仍是很好的建議。

"Leonard Cohen: before the gig, a chant in Latin" by Elisa Bray. The Independent.（September 6, 2012）

Dean Saunders在TalkSport上講述了布萊恩·克拉夫的故事（2017年9月21日）。

第四單元

"The story behind Jeff Bezos' lucky cowboy boots" by Ali Montag. CNBC.（May 3, 2018）

"A conversation with Amy Tan" by Dana Gioia. The American Interest.（May 1, 2007）

On Writing: A Memoir of the Craft by Stephen King. Simon and Schuster, New York.（2000）

幸運的一擊

Luck: A Fresh Look at Fortune by Ed Smith. Bloomsbury, London.（2012）

"Did this Texas pro really make 51 holes in one? We put his astounding claim to the test" by Josh Sens. Golf.com（April 15, 2020）

Whatever You Think, Think the Opposite by Paul Arden. Penguin, London.（2006）Bill Shankly in quotes on Liverpoolfc.com（September 29, 2012）

幸運的目標

Saturday Night Live'. *NBC.*（February 11, 2017）

《基業長青：高瞻遠矚企業的永續之道》，詹姆·柯林斯和傑瑞·薄樂斯，遠流，2020年

Built to Last: Successful Habits of Visionary Companies by Jim Collins and Jerry I. Porras.（1994）

"How Celebrity is bridging the gap in the cruise industry" by Allan Jordan. Cruise and Ferry.（April 10, 2020）

幸運的玩水

"Khrushchev in water wings: on Mao, humiliation and the Sino- Soviet split" by Mike Smith. Smithsonianmag.com.（May 4, 2012）

"Branson's mile-high masterclass shows that PR cuts through" by Stefano Hatfield. Campaign.（June 11, 1999）

我第一次採用毛澤東的故事，是為了《Campaign》雜誌的文章（2019年3月18日）。

我在一間名叫Rainey Kelly Campbell Roalfe的傑出廣告公司製作維珍航空的廣告。提到「英航沒有指壓」的廣告是由Martha Riley創作。

幸運的惡作劇

"TikTok teens and K-Pop stans say they sank Trump rally" by Taylor Lorenz, Kellen Browning, Sheera Frenkel. The New York Times.（June 21, 2020）
艾德·莫里斯在自己的領英（LinkedIn）頁面上的評論（2020年6月21日）

參考資料

幸運的鞋帶

《開放式經營——創新獲利新典》，亨利·伽斯柏，天下雜誌，2007

Open Innovation: The New Imperative For Creating and Profiting from Technology by Henry Chesbrough. Harvard Business Review, Boston.（2003）
除了Lucky Generals在2013-2014年推動引領彩虹鞋帶活動，Crispin Porter + Bogusky和總裁先生也參與了多個階段。

幸運的界線

#timeTo由Advertising Association、NABS和WACL之間合作創作。
Credos調查了3600名廣告與行銷產業的人（2018年）。

幸運的上帝

"Thriller: how Michael Jackson and Quincy Jones made the bestselling album of all time" by Alan Light. Rolling Stone.（October 2009）

"Quincy" Netflix documentary（2018）.

"Q on producing"（The Quincy Jones legacy series）by Quincy Jones and Bill Gibson.（2010）

更多關於昆西·瓊斯的策略與創造力，請見Jim Carroll的精彩文章：〈Q Tips: The Wise Counsel of Quincy Jones〉（2020年）

幸運的魅力

Moose Allain在推特上敘述蓋瑞·林納克的故事（2012年8月5日）。

" 'Bothism' is the cure for marketers' fascination with pointless conflict" by Mark Ritson, Marketing Week.（September 3, 2020）

幸運的蛋

"Yesterday: the song that started as Scrambled Eggs" by Alice Vincent. The Daily Telegraph. (June 18, 2015)

"Cracked actor: a film about David Bowie". BBC. (1975)

"Tom Waits : the fresh air interview" with Terry Gross. NPR. (November 31, 2011)

幸運的你

"Dolly Parton: Gee, she's really nice" by Robert Ebert. RobertEbert. com (December 7, 1980)

Dolly: My Life and Other Unfinished Business by Dolly Parton. HarperCollins, London. (1994)

結語

E.B White, writing in Harpers (1943).

"Luck Is Not Chance" by Emily Dickinson. (1945)